基于半监督学习的个性化推荐算法研究

U0675161

JIYU BANJIANDU XUEXI DE GEXINGHUA TUIJIAN SUANFA YANJIU

张宜浩　文俊浩◎著

重庆大学出版社

内容提要

在"信息超载"的时代,海量信息在给用户带来极大便利的同时,也使用户迷失在信息的海洋中。个性化推荐作为解决该问题的有效工具,其通过主动挖掘用户的兴趣偏好,为用户推送个性化的信息。

针对当前,主流的个性化推荐方法缺乏对用户反馈信息的挖掘,造成推荐结果过度特殊化的问题,本书提出了利用半监督学习的方法实现基于用户行为信息与物品内容信息的个性化推荐。针对协同过滤推荐方法存在计算相似度方式单一等问题,提出了基于距离度量与高斯混合模型的半监督聚类的推荐方法;针对个性化推荐中用户兴趣标签偏少的问题,提出了基于主动学习和协同训练的半监督推荐方法,针对主动学习的方法加重了用户的负担或增加了人力成本的问题,提出了基于高斯对称分布的自增量学习的半监督推荐方法;针对在构建特征向量过程中,用户行为特征与物品内容特征的权重不易权衡的问题,提出了基于图模型的半监督推荐方法。

本书适合作为相关专业研究生、本科生及业界人员的参考书。

图书在版编目(CIP)数据

基于半监督学习的个性化推荐算法研究/张宜浩,文俊浩著.
—重庆:重庆大学出版社,2016.2(2022.8 重印)
ISBN 978-7-5624-9681-6

Ⅰ.①基… Ⅱ.①张…②文… Ⅲ.①聚类分析—分析方法—研究 Ⅳ.①O212.4-34

中国版本图书馆 CIP 数据核字(2016)第 033485 号

基于半监督学习的个性化推荐算法研究

张宜浩 文俊浩 著
策划编辑:彭 宁 何 梅
责任编辑:陈 力 版式设计:彭 宁 何 梅
责任校对:邬小梅 责任印制:张 策

*

重庆大学出版社出版发行
出版人:饶帮华
社址:重庆市沙坪坝区大学城西路 21 号
邮编:401331
电话:(023)88617190 88617185(中小学)
传真:(023)88617186 88617166
网址:http://www.cqup.com.cn
邮箱:fxk@cqup.com.cn(营销中心)
全国新华书店经销
POD:重庆新生代彩印技术有限公司

*

开本:787mm×960mm 1/16 印张:11.25 字数:140 千
2016 年 5 月第 1 版 2022 年 8 月第 2 次印刷
ISBN 978-7-5624-9681-6 定价:45.00 元

本书如有印刷、装订等质量问题,本社负责调换
版权所有,请勿擅自翻印和用本书
制作各类出版物及配套用书,违者必究

前言

　　个性化推荐技术作为一种解决信息超载问题的有效工具，与传统的搜索引擎相比，其不需要用户主动提供关键词，能够在用户没有明确目的时，帮助他们寻找感兴趣的信息。随着近年来电子商务和社交网络的迅速发展，作为其核心组成部分的个性化推荐就显得越发重要了。

　　当前，主流的个性化推荐方法包括：基于协同过滤的方法和基于内容的方法。协同过滤的方法通过计算用户兴趣偏好的相似性，从而为目标用户过滤和筛选感兴趣的物品，它主要是基于用户的行为信息进行推荐，而没有真正利用物品的内容信息和用户的标签信息，同时也存在着数据稀疏和冷启动等问题；基于内容的推荐本质上则是一种信息过滤技术，仅仅通过学习用户历史选择的物品信息，缺乏对用户反馈信息的挖掘，这也往往会造成推荐结果过度特殊化。

半监督学习作为一种通用的机器学习方法在数据挖掘、自然语言处理等诸多领域都有着广泛的应用,并显示了其独特的优越性。针对传统的推荐方法在挖掘物品内容信息与用户标签信息上的不足,本书阐述了利用半监督学习的方法实现个性化推荐。

首先,针对协同过滤推荐方法存在计算相似度方式单一等问题,提出了基于距离度量与高斯混合模型的半监督聚类的推荐方法。传统的协同过滤方法时间复杂度和用户数的增长近似于平方关系,当用户数很大时,计算非常耗时。本书提出利用聚类分析的方法替代用户兴趣的相似度计算,且综合考虑了用户行为偏好和物品内容信息。具体在聚类分析中,算法不仅考虑了数据的几何特征,也兼顾了数据的正态分布信息。

其次,针对个性化推荐中用户兴趣标签偏少的问题,提出了基于主动学习和协同训练的半监督推荐方法。传统的基于分类模型的推荐方法,当有标签数据偏少时,对挖掘用户潜在的兴趣偏好非常不利,本书利用主动学习的策略抽取数据集中具有最大信息量的样本,通过咨询(Query)方式或领域专家标注的方式获得相应的标签,增加了训练模型的样本空间,以改进个性化推荐的质量。

然后,针对主动学习的方法加重了用户的负担或增加了人力成本的问题,提出了基于高斯对称分布的自增量学习的半监督推荐方法。该方法充分利用了大量无标签的数据,并结合一定的有标签数据进行建模。具体在算法中,通过挑选具有高置信度且高斯对称分布的数据进行自增量学习,以改进个性化推荐的质量。

最后,针对在构建特征向量过程中,用户行为特征与物品内容特征的权重不易权衡的问题,提出了基于图模型的半监督推荐方法。算法通过 SELF 等方法计算权衡因子,且根据用户的行为信息构造基于最近邻图的权重矩阵。算法利用 Sigmoid 映射函数来度量两个用户的兴趣相似度,并在算法的损失函数中包括用户行为相似性约束和物品内容相似性约束,且两部分约束的权重由一个平衡因子权衡。

本书受国家自然科学基金面上项目"基于异构服务网络分析的 Web 服务推荐研究"(NO. 61379158),重庆市教委科学技术研究项目"大数据环境下基于用户行为分析的推荐结果个性化过滤研究"(NO.kj1500920),重庆市自然科学基金"基于半监督聚类的协同过滤电影推荐研究"(NO. cstc2014jcyjA1772)等项目的资助。

限于本书作者的学识水平，书中疏漏之处在所难免，恳请读者批评指正。

著　者

2016 年 2 月

4

目 录

第 **1** 章

绪 论

1.1 研究背景

随着互联网与信息技术的蓬勃发展,网络上的资源呈爆炸式增长。一方面,人们能从网络上获取越来越丰富的信息,给生活带来了极大的便利;另一方面,在海量的信息空间带给用户更多元化选择的同时,反而使用户迷失在信息的海洋中,极大地增加了用户搜索自己感兴趣信息的难度和成本。人们逐渐地从信息匮乏的时代步入了信息超载(information overload)的时代[1]。特别是在即将步入的"大数据"时代,无论是对信息生产者还是对信息消费者都提出了极大的挑战[2]:对于信息生产者,让自己生产的信息脱颖而出,受到大量用户的关注,而不至于安静地躺在网络的旮旯不为人所知,是一件十分困难的事情;对于信息消费者,从大量

1

的信息中获取自己感兴趣的信息也不是一件容易的事情[3]。推荐系统正是解决这一突出问题的有力工具:其一方面帮助用户搜索对自己有价值的信息,另一方面让信息呈现于对它感兴趣的用户面前。从根本上说,推荐问题就是代替用户评估它从未看过的物品或信息[4]。

为解决信息过载问题,已有无数科学家与工程师提出了众多的解决方案。从信息检索的方式来看,这些有代表性的解决方案大致分为 3 个阶段:门户网站、搜索引擎、推荐系统[5]。

①门户网站。著名的互联网公司 Yahoo 凭借分类目录起家,其将著名的网站分门别类,从而方便用户查找。但是随着网页数量的增长与互联网规模的不断膨胀,分类目录网站也只能覆盖少量的热门网站,越来越不能满足用户的需求。

②搜索引擎。随着信息量的不断增长,分类目录帮助人们搜索信息的局限性越来越明显,因此搜索引擎诞生了。并随着网络上信息的大量涌现,搜索引擎行业也不断地发展壮大,其中最具代表性的莫过于 Google。搜索引擎可依据用户输入的关键词,快速地返回给用户与关键词相关的信息。但搜索引擎需要用户主动提供准确的关键词来搜寻信息,因此它不能解决用户的很多其他需求。当用户不能提供准确描述自己的需求时,搜索引擎也就无能为力了;对于搜索用户而言,搜索引擎也不能考虑他们之间的需求差异,只要用户输入的是相同的关键词,最终获得的网页信息及排序也将是相同的。

③推荐系统。与搜索引擎一样,推荐系统也是一种帮助用户快速搜寻有用信息的工具。不同的是,推荐系统不需要用户提供明确的需求,它是通过分析用户的历史行为记录对用户的兴趣建模,从而主动给用户推荐其可能感兴趣的信息和需求。从某种意义上说,搜索引擎满足了用户有明确目的的主动查找需求,而推荐系统能够在用户没有明确目的时帮

助他们寻找感兴趣的信息，其根据搜索用户的特点为不同的用户返回不同的搜索结果。这一观念在现在的搜索引擎中也有所体现，如 Google 允许用户定制自己网页的重要性，百度董事长兼首席执行官李彦宏在"百度技术创新大会"上也提出了智能框计算技术，这些都可称之为个性化网页搜索[6,7]。

个性化推荐技术作为一种解决信息超载问题的最有效工具，与传统的搜索引擎相比，它不需要用户主动提供关键词，能够在用户没有明确目的时，帮助他们寻找感兴趣的信息。随着近年来电子商务的迅猛发展，作为其核心组成部分的个性化物品推荐越发显得重要了。2006 年 Netflix Prize 电影推荐竞赛、2012 年 KDD Cup 腾讯微博用户推荐大赛、2013 年百度电影推荐系统算法创新大赛等，一系列推荐大赛将推荐系统的研究推向了一个前所未有的高度。

从信息服务的角度出发，个性化推荐通过分析用户的习惯、偏好等行为，能够及时跟踪用户的需求变化，进而主动调整信息服务的内容与方式，并定制地向用户推荐其感兴趣的信息和服务。与传统搜索引擎提供的"一对多"式的信息服务方式不同，个性化推荐系统反馈的结果更符合用户需求，同时用户的参与度也更低，从而极大地降低了用户搜寻信息的成本与难度。个性化推荐作为一种崭新的智能信息服务方式，能有效地解决"信息超载"带来的一系列问题，其已成为当前各主流网站不可或缺的新一代信息服务形式。

在传统门户网站时代，与流量伴生的数据价值长期被低估。进入大数据时代后，如何从这些海量数据中挖掘、分辨出用户的行为模式、兴趣偏好等变得特别重要。比如，用户对资讯的偏好不仅和兴趣相关，也和所处的阅读场景、资讯的关联性等其他方面相关。通过对这些方面日常数据的累积和挖掘，就可以很准确地向用户推荐最适合的内容，打造专属于每个人的智慧门户。

从物品的角度出发,推荐系统可以更好地发掘物品的长尾(long tail)。根据长尾理论,传统的 80/20(80% 的销售额来自于 20% 的热门物品)原则在互联网电子商务中不断受到挑战。由于网络货架成本低廉,与传统零售业相比,网络中出售的不热门物品数量极其庞大,也许会超过热门物品带来的销售额。热门物品往往代表绝大多数用户的需求,而长尾物品则代表了小部分用户的个性化需求。发掘物品的长尾,需要通过分析用户的行为来分析用户的个性化需求,从而将长尾物品准确地推荐给对其感兴趣的用户,这正是个性化推荐系统主要解决的问题。

同搜索引擎相比,个性化推荐系统需要依赖用户的行为数据,因此在目前其一般都是作为一个应用存在于各大网站的后台。个性化推荐系统在这些网站中的主要作用就是通过分析大量用户的行为偏好,然后向不同用户展示不同的个性化页面。就现阶段而言,推荐系统主要利用领域包括:电子商务、电影和视频、个性化音乐网络电台、社交网络、个性化阅读、基于位置的服务、个性化邮件、个性化广告等。

1.2 国内外研究现状

个性化推荐系统的研究最初源于其他领域的工作,其雏形可追溯于 1979 年在认识科学领域中 Elaine Rich 提出的 Grundy 系统[8],其利用 stereotypes 机制建立用户模型,并通过模型向用户推荐相关书籍。然而直到 20 世纪 90 年代,个性化推荐系统的研究才作为一个独立的概念被提出来[9,10],此后推荐系统的研究和应用得到了飞速发展。特别是在 20 世纪 90 年代中期,出现了一大批基于协同过滤算法的推荐系统研究[9-11],推荐系统也逐渐成为一个独立的研究领域,得到了国际学术界的广泛关注。

从1999年开始,ACM每年都举行一次电子商务的研讨会(ACM-EC),在研讨会上,一个重要议题就是电子商务的个性化推荐,而且随着互联网技术的发展,关于个性化推荐的研究成果逐年增加。与此同时,ACM领导下的数据挖掘特别兴趣组(SIGKDD组)设立了WEBKDD讨论组,专门研究电子商务中Web挖掘和推荐的相关技术。另外1999年人机界面会议(SIGCHI-99)也专门设立了推荐系统特别兴趣组。在2001年召开的研究和发展会议上,ACM下信息检索特别兴趣组(SIGIR组)专门将推荐系统作为一个研讨主题。进入21世纪,特别是最近几年,在人工智能、数据挖掘、机器学习等领域的顶级国际会议中(如AAAI,KDD,SIGIR,ICML等),都将推荐系统以及相关推荐算法研究作为会议的一个重要议题。

特别是2006年9月,ACM和SIGIR在西班牙组织召开了"推荐系统的现在与未来"暑期班。该研讨班吸引了来自世界各地研究推荐系统的机构与科研人员,针对推荐系统的技术方法、应用领域、发展前景等方面,进行了深入详细的探讨与交流。鉴于此次学术研讨班取得的良好效果,2007年10月,ACM在美国的明尼苏达召开第一届推荐系统国际会议(ACM International Conference on Recommender Systems 2007, RecSys 2007),为广大的研究机构与科研人员提供了一个专业的学术交流平台。至此,每年都会在世界各个地方举办一次推荐系统国际会议。特别值得一提的是,2013年10月16日,第七届推荐系统国际会议(RecSys 2013)在中国香港举行,这次会议由华为在香港的诺亚方舟实验室协办,会议主席为诺亚方舟实验室主任杨强教授,是首次在亚洲举行的世界顶级推荐系统国际会议,具有特别重大的意义。

伴随在推荐系统的研究过程中,推荐算法是研究的核心,它是推荐系统的最重要组成部分,决定了整个推荐系统的工作方式与推荐策略[12]。依据推荐算法的策略不同,推荐系统一般可分为:基于内容的推荐(Content-Based Filtering,CBF)、协同过滤推荐(Collaborative Filtering,CF)、混合推荐(Hybrid Recommendation,HR)以及其他推荐方法[4]。推荐系统的分类如图 1.1 所示。

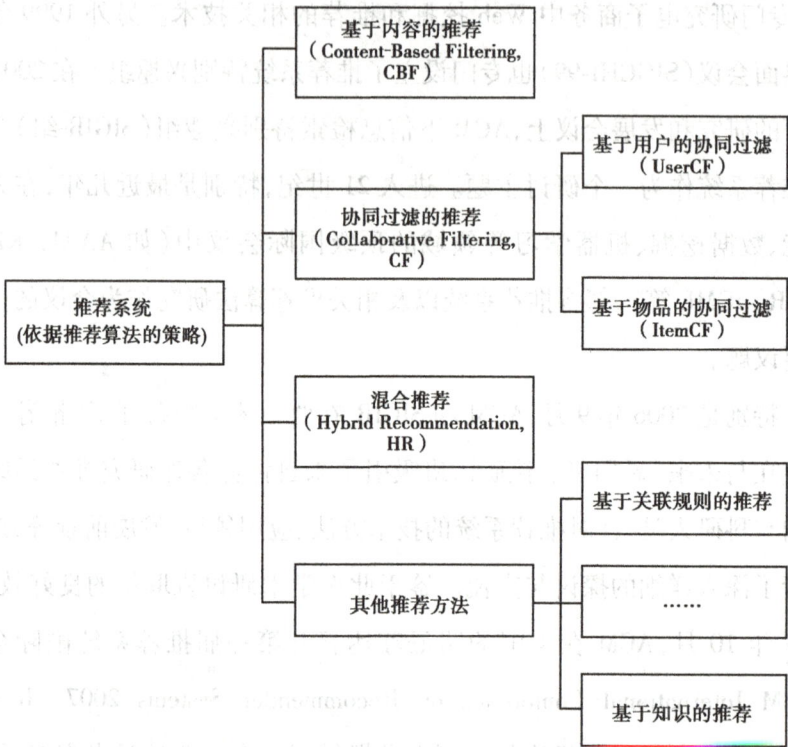

图 1.1　推荐系统的分类

1.2.1　基于内容的推荐

基于内容的推荐系统源于信息检索领域,利用了很多信息检索中的相关理论、方法以及技术。其一般流程是:首先分析推荐物品的内容信息,抽取出推荐物品的特征描述;然后根据用户感兴趣物品的内容信息进行用户建模,从而形成基于内容的用户兴趣特征描述;最后通过计算用户未访问物品的特征与用户兴趣描述间的相似性,选择相似度最大的物品进行推荐。

基于内容的推荐方法在互联网推荐中得到了大量的应用。麻省理工学院的 Malone 等人[13]开发了电子邮件过滤的系统(Information Lens),采用了基于内容的半结构化模块,实现了对邮件信息的过滤。斯坦福大学的 Balabanovic 等人[14]构建了针对网页推荐的智能代理,该系统利用内容的搜索规则对互联网进行搜索,并将搜索结果页面推荐给用户;当用户对推荐的网页进行评价后,系统也会根据用户的评价反馈,对搜索规则进行更新,以完善后续的推荐结果,实现了较传统搜索引擎更为个性化的搜索内容。加州大学的 Pazzani 等人[15]利用用户对已浏览网页的评分信息,建立了 Syskill & Webert 推荐系统,它利用贝叶斯分类器构建用户的兴趣模型,实现多样化的推荐。卡内基梅隆大学的 Joachims 等人[16]开发了网页浏览路径推荐代理系统(Web Watcher),该系统通过对用户浏览网页的超链接进行分析,并结合 Agent 的历史推荐浏览路径,对用户的浏览行为进行学习建立模型。卡内基梅隆大学的 Zhang 等人[17]提出了利用自适应过滤技术更新用户配置文件,其主要思想是利用用户的喜好信息构建配置文件并将用户兴趣归纳为几个主题,然后计算未知 Web 文件内容与主题文件的相似度,进而选择相似度较高的 Web 文件实现推荐。Degemmis 等人[18]利用 WordNet 构建基于语义学用户的配置文件,而配置文件是通过机器学习算法得到的,结果表明这种方法可以提高推荐的准确性。田超等[19]利用自然语言处理技术对用户评论进行情感分析,构建推荐系统的 SuperRank 框架。Chang 等[20]通过赋予短期感兴趣的关键词更高的权重,建立新的关键词更新树,大大减少了更新配置文件的代价。Liu 等[21]提出基于语义内容的推荐方法,在用户反馈信息较少的情况下,通过分析服务的内容进行有效的推荐。现阶段,研究者在推荐物品的内容信息的挖掘方面做了大量的研究工作。Knijnenburg 等[22]通过挖掘隐私信息构建感知推荐系统,Nguyen 等[23]提出一种新颖的基于信息编码的内容多样性度量方法。

1.2.2 协同过滤推荐

基于协同过滤的推荐系统是第一代提出并广泛应用的推荐系统。系统的核心思想是:首先,利用用户的历史信息计算用户间的相似度;然后根据与用户相似度较高的邻居用户对物品的评价,进而预测目标用户对物品的喜好,从而进行推荐。

协同过滤推荐系统是目前使用最广泛的个性化推荐系统。Elaine Rich 提出的 Grundy 系统[8]被认为是第一个投入应用的协同过滤系统,该系统建立用户兴趣模型,利用模型给目标用户推荐相关书籍。Goldberg 等人建立的 Tapestry 邮件处理系统[24]通过人工计算用户间的相似度,但随着用户数量的增加,人工的工作量会大大增加,导致推荐的准确性严重下降。Konstan 等人的 GroupLens 系统[25]建立用户信息群,依据社会信息计算用户间的相似性,实现对群内的目标用户进行协同过滤推荐。Goldberg 等人提出了 Eigentaste 协同过滤算法[26],其利用普通的咨询抽取出用户评级的真实值,并利用 PCA 算法对评级矩阵进行降维处理,实现对 Jester 笑话的推荐。

协同过滤推荐系统除了基于用户相似度计算的方法外,还有一种基于模型的方法,它主要利用统计和机器学习算法构建模型而进行预测。这种方法的基本思想是收集打分数据进行学习并依据用户行为数据建模,进而对物品进行预测打分实现推荐。Breese 等提出了基于概率的协同过滤算法[27],其包括两个选择模型:聚类模型和 Bayes 网络。其思想是将物品表示成 Bayes 网络中的点,点的状态对应着打分值,利用聚类模型对用户的打分进行聚类,得到偏好相似的簇集。Getoor 等提出了概率相关模型[28],它是一个双面聚类模型,与普通贝叶斯网络相比,它具有更强的全文表达能力,而且更容易扩展。Sarwar 等提出了线性回归的协同过滤算法[29],将其应用到大规模数据中,取得了较好的效果。Pavlov 等提出了基于最大熵模型的协同过滤算法[30],它特别适合于数据稀疏、高维和动态情况下的个性化推荐。Shani 等利用隐马尔科夫模型进行推荐[31],将推荐过程看作 Markov 的序列决策过程,利用已有信息预测用户偏好的概率。Xue 等提出了基于聚类平滑的可伸缩的协同过滤算法[32],集成了基于内存方法与基于模型方法的优点,目的是解决数据稀疏性和可伸缩性问题。Das 等提出了利用可伸缩的在线协同过滤实现 Google 的个性化新闻推荐[33],该方法与平台和应用领域无关,能够方便地移植到其他语言平台与应用上。Hannon 等利用基于内容与协同过滤的方法对 Twitter 用户进行推荐[34],表明噪音数据和 Twitter 内容对推荐结果是非常有用的。Tsai 等将聚类集成技术用在协同过滤推荐系统中[35],利用 3 种方法合并多重聚类技术,取得了较优的效果。赵琴琴等提出了一种基于内存的传播式协同过滤推荐算法[36],其通过相似度传播,寻找更多更可靠的邻居,综合考虑用户和物品两方面信息进行推荐。贾冬艳等提出了一种基于双重邻居选取策略的协同过滤推荐算法[37]。杨兴耀等提出了融合奇异性和扩展过程的协同过滤模型[38]。陈克寒等[39]提出了一种基于两阶段聚类的推荐算法;胡勋等[40]提出了一种融合物品特征和移动用户信任关系的协同过滤推荐算法;袁汉宁等[41]提出了基于多示例聚类的协同过滤推荐算法。

Breese 等将 CF 算法分为两大类[27]。第一类是基于内存的算法

（memory-based），这类算法利用用户或物品的邻居信息获得推荐，典型代表如 KNN 模型[42-44]；第二类是基于模型的算法（model-based），这类算法利用已知评分训练一个预测模型，然后利用预测模型获得预测评分，进而产生最终的推荐列表。现已提出了很多这类算法，如分类聚类模型[45-47]、贝叶斯模型[48-51]、因子模型等[52-55]。

1.2.3　混合推荐

混合推荐系统最常见的是基于内容和基于协同过滤的混合，它具有比独立推荐系统更好的准确率[56,57]。比较常用的混合方法是在协同过滤系统中加入基于内容的算法。Girardi 等将领域本体技术加入协同过滤系统中进行 Web 推荐[56]。Yoshii 等利用协同过滤算法和音频分析技术进行音乐推荐[57]。Velasquez 等提出基于知识的 Web 推荐系统[58]，系统首先抽取 Web 的内容信息，利用用户浏览行为建立用户浏览规则，然后对用户感兴趣的内容进行推荐，最后根据用户的反馈信息进行规则的修正。Aciar 等利用文本挖掘技术分析用户对产品的评论信息，提出了基于知识和协同过滤的混合推荐系统[59]。Wang 等构建基于虚拟研究群体的知识推荐系统[60]，利用基于内容和基于协同过滤的推荐算法向用户推荐显性和隐性知识。Forsati 等[61]提出一种新的基于遗传算法的模糊聚类方法，通过创建两层图模型，构建混合推荐系统；Mourão 等[62]将用户的显示偏好融进非内容属性中，构建基于内容的向量空间，进而构建混合推荐系统；Son 等[63]提出一种基于用户模糊协同过滤的混合推荐方法。这些混合推荐方法都试图提高推荐系统的推荐质量，同时也有一些混合推荐系统试图去解决冷启动问题；Braunhofer 等[64]提出基于 CARS 算法的可切换的混合推荐方法；Braunhofer 等[65]利用简单的基于启发式解决方案组成复杂的可适应性解决方案。

1.2.4 其他推荐方法

除了以上 3 种较为常用的推荐方法外,实际系统中还存在一些其他的推荐方法。一种是基于关联规则分析的方法,它是通过用户行为的关联模式产生推荐。Agrawal 等提出利用 Apriori 算法进行用户与物品间关联规则的分析,实现对物品的推荐[66]。Han 等提出 FP-Growth 算法改进了 Apriori 算法的运行效率[67]。另一种是基于社会网络分析的方法。Wand 等利用社会网络分析方法对在线拍卖系统中的拍卖者进行推荐[68]。Moon 等依据用户行为计算用户对物品的偏好,进而向用户推荐物品并预测物品的出售情况[69]。还有一种是基于上下文知识的方法。如王立才等利用上下文信息提高推荐系统精确度和用户满意度[70]。孟祥武等利用移动上下文、移动社会化网络等信息提高推荐系统精确度和用户满意度[71]。郭磊等从推荐对象间关联关系的角度出发[72],假设具有关联关系的推荐对象更容易受到同一用户的关注,并进而在已有的社会化推荐算法的基础上,提出了一种结合推荐对象间关联关系进行推荐的算法。

1.3 主要研究内容

本书利用机器学习方法对个性化推荐策略进行研究,将推荐过程看作是一个聚类和分类预测的问题,用基于模型的推荐方法并依据用户行为数据和物品内容信息为用户建模,从而产生合理的推荐。由于利用机器学习技术对个性化推荐进行建模时,一个较为困难的问题就是缺少足够的有标签数据(用户的标签信息),因此提出了利用半监督学习的方法进行个性化推荐研究。

在利用半监督学习方法进行个性化推荐方面,本书提出了 4 种具体的有针对性的个性化推荐算法。为更清晰地描述这些算法在解决推荐问题时的关系,这里用图 1.2 对本书的研究路线进行了详细描述。

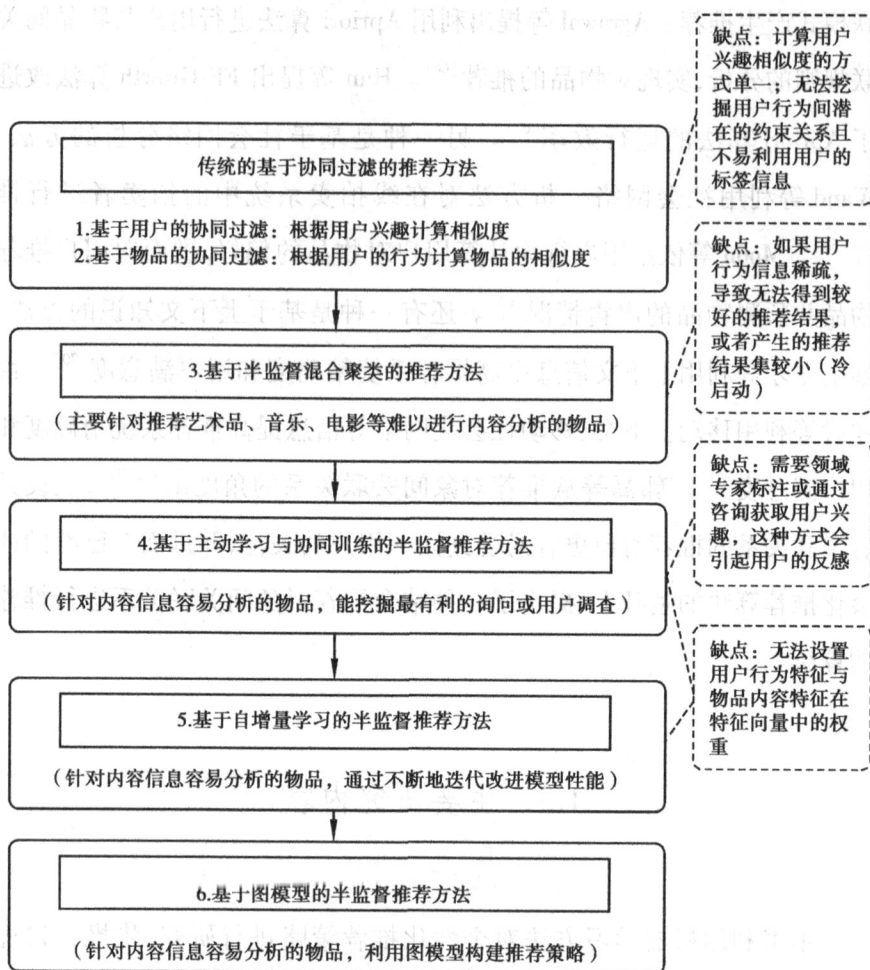

传统的基于协同过滤的推荐方法

1.基于用户的协同过滤:根据用户兴趣计算相似度
2.基于物品的协同过滤:根据用户的行为计算物品的相似度

缺点:计算用户兴趣相似度的方式单一;无法挖掘用户行为间潜在的约束关系且不易利用用户的标签信息

3.基于半监督混合聚类的推荐方法

(主要针对推荐艺术品、音乐、电影等难以进行内容分析的物品)

缺点:如果用户行为信息稀疏,导致无法得到较好的推荐结果,或者产生的推荐结果集较小(冷启动)

4.基于主动学习与协同训练的半监督推荐方法

(针对内容信息容易分析的物品,能挖掘最有利的询问或用户调查)

缺点:需要领域专家标注或通过咨询获取用户兴趣,这种方式会引起用户的反感

5.基于自增量学习的半监督推荐方法

(针对内容信息容易分析的物品,通过不断地迭代改进模型性能)

缺点:无法设置用户行为特征与物品内容特征在特征向量中的权重

6.基于图模型的半监督推荐方法

(针对内容信息容易分析的物品,利用图模型构建推荐策略)

图 1.2　本书的研究路线图

针对基于半监督学习的推荐策略,本书开展了以下几个方面的研究工作:

12

①针对协同过滤推荐方法存在计算相似度方式单一等问题,提出了基于距离度量与高斯混合模型的半监督聚类的推荐方法。传统的协同过滤方法时间复杂度和用户数的增长近似于平方关系,当用户数很大时,计算非常耗时。本书提出利用聚类分析的方法替代用户兴趣的相似度计算,且综合考虑了用户行为偏好和物品内容信息。具体在聚类分析中,算法不仅考虑了数据的几何特征,也兼顾了数据的正态分布信息。

②针对个性化推荐中用户兴趣标签偏少的问题,提出了基于主动学习和协同训练的半监督推荐方法。传统的基于分类模型的推荐方法,当有标签数据偏少时,对挖掘用户潜在兴趣偏好非常不利,本书利用主动学习的策略抽取数据集中具有最大信息量的样本,通过咨询方式或领域专家标注的方式获得相应的标签,增加了训练模型的样本空间,以改进个性化推荐的质量。

③针对主动学习的方法加重了用户的负担或增加了人力成本的问题,提出了基于高斯对称分布的自增量学习的半监督推荐方法。该方法充分利用了大量的无标签的数据,并结合一定的有标签数据进行建模。具体在算法中,通过挑选具有高置信度且高斯对称分布的数据进行自增量学习,以改进个性化推荐的质量。

④针对在构建特征向量过程中,用户行为特征与物品内容特征的权重不易权衡的问题,提出了基于图模型的半监督推荐方法。算法通过 SELF 等方法计算权衡因子,且根据用户的行为信息构造基于最近邻图的权重矩阵。算法利用 Sigmoid 映射函数来度量两个用户的兴趣相似度,并在算法的损失函数中包括用户行为相似性约束和物品内容相似性约束,且两部分约束的权重由一个平衡因子权衡。

1.4　本书的组织结构

本书共分为 7 章,文章结构及各章内容概述如下:

第 1 章讨论了个性化推荐系统的研究背景与意义,阐述了国内外的研究现状,总结当前研究中存在的问题及不足,并对本书的研究内容和主要工作进行了串联与总结,最后给出了本书的组织结构。

第 2 章讨论了半监督学习和个性化推荐的相关研究,重点阐述了利用半监督学习进行个性化推荐的相关技术,同时也对个性化推荐的实验以及评测方法进行了详细论述。

第 3 章提出了一种基于距离度量和高斯混合模型的半监督聚类的个性化推荐方法。利用聚类分析方法替代用户兴趣偏好的相似度计算,综合考虑了用户行为偏好和物品内容信息。具体到聚类分析中,算法不仅考虑了数据样本的几何特征,也兼顾了数据样本的正态分布信息。

第 4 章提出了基于主动学习和协同训练的个性化推荐方法。利用主动学习的策略挖掘数据集中具有最大信息量的样本(即对分类结果影响最大的数据),将其作为反馈信息并通过咨询方式调查用户的感受或评价,以改进个性化推荐的质量。

第 5 章提出了基于自增量学习的个性推荐方法。利用数据集中大量的无用户标签信息的数据,并结合少量的有用户标签信息的数据来建模。在算法中,挑选具有高置信度且高斯对称分布的数据进行自增量学习,以改进个性化推荐的质量。

第 6 章提出了基于图模型的个性化推荐算法。在算法设计上,同时考虑有标签数据和无标签数据,并利用最近邻图构造权重矩阵,度量用户兴趣的相似性;在算法的损失函数中同时兼顾用户的兴趣度相似性约束和物品内容相似性约束,并利用拉普拉斯矩阵对其进行归一化处理,最终取得了较好的效果。

第 7 章是结论与展望。对全书工作进行总结并对未来研究进行展望。

第 2 章
半监督学习与个性化推荐研究综述

2.1 半监督学习研究综述

机器学习是人工智能的一个重要领域,在现代智能技术中扮演着极其重要的角色。依据 Tom M. Mitchell 的观点[73],机器学习就是"计算机利用经验改善系统自身性能的行为"。在机器学习领域中,有两种完全不同的策略:监督学习(Supervised Learning)和无监督学习(Unsupervised Learning)。监督学习仅仅使用有标签数据(labeled data)建立模型,然而有标签数据的获取通常是困难的、昂贵的,同时对数据的标注是耗时耗力的,无标签数据(unlabeled data)是相对容易收集,但是它的利用渠道却很少。无监督学习则是一种利用不含人工标注信息的数据(无标签数据)进行学习的机器学习方法,这种方法虽然可以节省大量的人力,数据的获取也是非常廉价的,但是由于缺乏有效地指导,因此在解决一些实际问题上算法的精确度相对较低。基于上述两个方面的因素考虑,一种半监督学习方法被提出了,它是要将有标签数据和无标签数据结合起来建立模型的一种学习方法。

半监督学习是介于监督学习与无监督学习之间的学习技术,它同时利用有标签数据和无标签数据进行学习。常用的半监督学习方法包括:自训练(Self-Training)、生成式模型(Generative Models)、协同训练(Co-Training)、传导式支持向量机(Transductive Support Vector Machines)、基于图的方法(Graph-Based Methods)。

2.1.1　自训练

自训练(Self-Training)方法是最早的利用半监督学习思想的算法(1965 年 Scudder 的文献[74]、1967 年 Fralick 的文献[75]、1970 年 Agrawala 的文献[77])。其基本思想是:首先利用监督学习方法对有标签数据进行学习,然后利用学习到的结果对无标签数据进行标注,再将新标注的数据加入有标签数据中去再学习,如此迭代[74]。1995 年 Yarowsky[77] 使用自训练方法进行词义消歧。2003 年 Riloff 等[78] 利用自训练方法识别主观名词。2005 年 Rosenberg 等[79] 利用自训练方法构建图像检测系统,实验结果表明利用半监督学习技术优于一个先进的预测器。通过自训练的模式很容易把监督学习改造成半监督学习,但其训练过程是迭代式的,速度慢,且早期错误会被强化。自训练学习算法是一个包装器算法,通常情况下很难去分析。然而对于某些特殊的基分类器,也会有一些针对其收敛性的分析(2007 年 Haffari & Sarkar 的文献[80],2008 年 Culp & Michailidis 的文献[81])。

2.1.2 生成式模型

生成式模型(Generative Models)假设数据模型为 $p(x,y)=p(y)p(x|y)$，其中 $p(x|y)$ 是"可确认的"混合模型，比如一个高斯混合模型。通过某种迭代算法，如期望最大化(Expectation Maximization, EM)算法求最大似然估计(Maximum Likelihood Estimation, MLE)或最大后验估计 (Maximum a posterior Estimation, MAP) 问题，求出分布中的未知参数，然后利用贝叶斯公式进行分类。1998 年 Baluja[82] 将 EM 算法应用于人脸朝向辨别任务。2000 年 Nigam 等[83] 利用 EM 算法在混合多项式分布上进行文本分类，结果显示其分类效果要好于监督学习。2005 年 Fujino 等[84] 通过在算法中加入"偏差修正"来扩展产生式混合模型，并且利用最大熵算法进行区分型训练。基于生成式模型的半监督学习方法简单、直观，并且在训练数据，特别是有标签数据极少时，能够取得比判别式模型更好的性能，但是当模型假设与数据分布不一致时，使用大量的无标签数据来估计模型参数，反而会降低学习模型的泛化能力。由于寻找合适的生成式模型来为数据建模需要大量的领域知识，这使得基于生成式模型的半监督学习在实际问题中的应用有限。

2.1.3 协同训练

协同训练(Co-Training)算法是 Blum 和 Mitchell[85] 于 1998 年提出的。他们提出的标准协同训练算法应该满足 3 个基本假设：①属性集可以被划分为两个集合；②每个属性集的子集合都足以训练出一个分类器；③在给定类标签的情况下，这两个属性集是相互独立的。其中每个属性集构成一个"视图"(view)，满足上述假设的"视图"被称为充分冗余"视图"。协同训练算法的思想是：初始阶段分别利用有标签数据在这两个属性集上训练分类器,这样得到两个分类器,将这两个分类器应用到无标签数据上,然后选择每个分类器对分类结果置信度高的无标签数据以及该数据的预测标签,加入另一个分类器有标签数据集中,进行下一轮的训练,如此迭代。

协同训练算法可以克服自训练方法错误加强的缺点,很多学者对其进行研究,取得了很多积极的成果。Blum 和 Mitchell[85]证明了当"充分冗余视图"这一条件成立时,Co-Training 算法可以有效地通过利用无标签数据提升分类器的性能。然而在真实的问题中,协同训练算法要求的充分冗余条件往往很难达到。2000 年 Goldman 和 Zhou[86]提出利用两个不同类型的分类器在整个属性集上学习的方法,学习过程中两个分类器互相将自己在无标签数据上预测的置信度较高的标签加入对方的训练集中去再训练。随后他们于 2004 年又将集成学习的思想加入算法中以提高学习器的性能[87],基于整个属性集训练一组分类器,利用投票机制对无标签数据进行标注,加入有标签数据集中再训练,最后的分类结果由加权投票机制的一个变种决定。然而由于上述算法"在挑选无标签数据进行标注的过程中以及选择分类器时,对无标签数据进行预测的过程中频繁地使用 10 折交叉验证",使得其计算开销很大,Zhou 和 Li[88]在 2005年提出了 tri-training 算法,使用 3 个分类器,如果两个分类器分类结果一致,那么就将该无标签数据加入有标签数据中去,避免了频繁地计算 10折交叉验证,节省了计算开销,同时他们的算法不需要基于不同的视图,甚至不需要基于不同的分类器。此外 Balcan 等[89]在 2005 年放宽对独立性的假设,并调整了协同训练算法的迭代过程,取得了较好的结果。在此之后,Ando 和 Zhang[90]在 2007 年同样放宽了对独立性的假设,提出了一个二视图模型。

2.1.4 传导式支持向量机

传导式支持向量机(Transductive Support Vector Machines，TSVM)就是将聚类假设运用到支持向量机(SVM)中，本质上是直推式的，它建立了 $p(x)$ 与决策边界之间的联系，其原则就是要分类边界绕过数据密集的区域。TSVM 是标准支持向量机的扩展，SVM 仅仅使用有标签数据，它的目标是在再生核希尔伯特空间中找到最大间隔线性边界。TSVM 不仅使用有标签数据也使用无标签数据，它的目标是给无标签数据设置一个标签，以便线性边界在原始的有标签数据和无标签数据上有一个最大间隔。Vapnik 同时也给出了 TSVM 的错误率上界，这使得 TSVM 在理论上有很好的保证。TSVM 的分类结果示意图如图 2.1 所示。

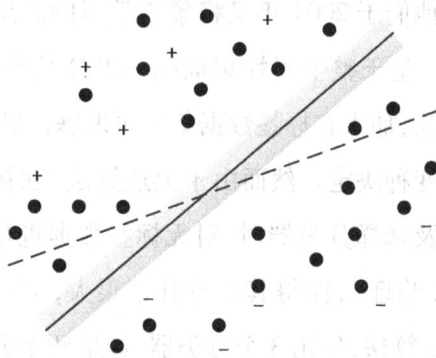

图 2.1　传导式支持向量机分类示意图

图中的小黑点表示无标签数据，"+"表示正类数据，"−"表示负类数据，虚线表示标准 SVM 算法训练得到的分类超平面，而实线表示在训练数据中加入无标签数据后，用 TSVM 算法训练得到的分类超平面。

TSVM 的优化目标是一个 NP 难问题。因为除了分类界面外，无标签数据的标签也是未知的，导致了损失函数非凸。随后绝大多数工作都聚焦于有效的近似函数。Bennett 和 Demiriz 等[91] 的工作或者仅仅能利用几百个无标签数据,或者根本就不用无标签数据。1999 年 Joachims[92]第一次使用 SVM-Light(TSVM 工具软件)进行半监督学习实验。随后很多研究人员尝试放松 TSVM 的优化目标以期使问题可解。其中较为经典的工作就是 2004 年 De Bie 和 Cristianini[93] 提出的将 TSVM 的优化目标放松成为半定规划问题,而半定规划问题是凸优化问题,从而使得问题对于稍大数据集可解。但是实验的结果并不是太好,因为解半定规划问题所需要的计算开销依然很大。2005 年 Xu 和 Schuurmans[94]提出了一个相似的多类半定规划问题,它可以实现多类支持向量机的半监督学习,但是计算开销仍然很大。2005 年 Chapelle 和 Zien[95]提出了∇SVM,利用高斯函数近似表示其损失,然后在原始空间执行梯度搜索。2006 年 Sindhwani 等[96]使用确定性退火方法,它从一个简单的问题入手,然后逐渐变形到 TSVM 的目标。受此启发,Chapelle 等[97]使用了延续的方法,它也是从最小化一个很简单的凸目标函数开始,用高斯函数近似表示其损失,逐渐导出 TSVM 的目标。针对半监督线性支持向量机,2006 年 Sindhwani 和 Keerth[98]提出了一个快速的方法,该方法适合于大规模文本的应用。随着分支限界搜索技术的发展,2006 年 Chapelle 等[99]针对小数据集找到了一个全局最优化的解决方案,结果显示相当的精确。虽然分支限界法对于大规模数据集是无用的,但是实验的结果却显示了 TSVM 具有更好的近似方法的潜能。

除此之外, Lawrence 和 Jordan[100]提出了一个高斯过程的方法,通过修改高斯过程的噪音模型来进行半监督学习,对类的标注除了正负类之外,他们还引入了标签 0,并且规定无标签数据的类别标签不可以标注为 0,这样迫使分类边界避开数据密集区域,这与 TSVM 的想法类似。Grandvalet 和 Bengio[101]通过在优化目标中将无标签数据的熵作为正则化因子加入优化目标中进行学习,从而使得熵最小化,进而使得分类界面尽量不要切分数据密集区域,因为切分了数据密集区域则使得其不确定性增加,从而使得熵变大。

2.1.5 基于图的方法

基于图的半监督学习方法可以表示为一个无向图的形式 $g = <V,E>$,图中的结点 V 表示的是数据集中的数据实例(包括有标签和无标签数据),边 E 反映的是实例之间的相似度。这类方法通常假设标签在图上是平滑的,它的优化目标就是保证在有标签数据点上的结果尽量符合而且要满足流型假设。

很多基于图的方法可以被看作是在图上估计一个函数 f,并使其同时满足两个条件:①在有标签数据上的预测值应该尽可能地接近已知的标签 y_L;②函数 f 在整个图上是平滑的。在正则化框架的表达下有两个基本术语:一个为损失函数,一个为正则因子。很多基于图的方法不同之处就在于对损失函数和正则因子的选择。2001 年 Blum 和 Chawla[102] 提出了一个基于图的最小割(Mincuts)问题的半监督学习算法。2003 年 Zhu 等[103] 提出了高斯随机场和调和函数的方法。2004 年 Zhou 等[104] 使用了局部和全局一致性的方法,其损失函数为 $\sum_{i=1}^{n} (f_i - y_i)^2$,在正则因子中使用的是标准化拉普拉斯 $D^{-\frac{1}{2}} \Delta D^{-\frac{1}{2}} = I - D^{-\frac{1}{2}} WD^{-\frac{1}{2}}$。2004 年 Belkin 等[105] 提出了 Tikhonov 正则化算法,其损失函数为 $1/k \sum_{i} (f_i - y_i)^2 + \gamma f^T S f$。随后的 2006 年 Belkin 等[106] 又提出了流形正则化(Manifold Regularization)框架。总之,基于图的半监督学习方法与其他方法相比,更加直观、具有很好的解释性和良好的分类性能,因此得到了广泛的研究。

2.2　个性化推荐研究综述

2.2.1　个性化推荐技术

目前一些研究人员将推荐系统当作一个独立研究方向,然而仔细研究现有的推荐算法,可以看出这些算法都来自于传统的机器学习和数据挖掘算法,并没有什么特殊的地方,图 2.2 描述了推荐系统的框架结构。

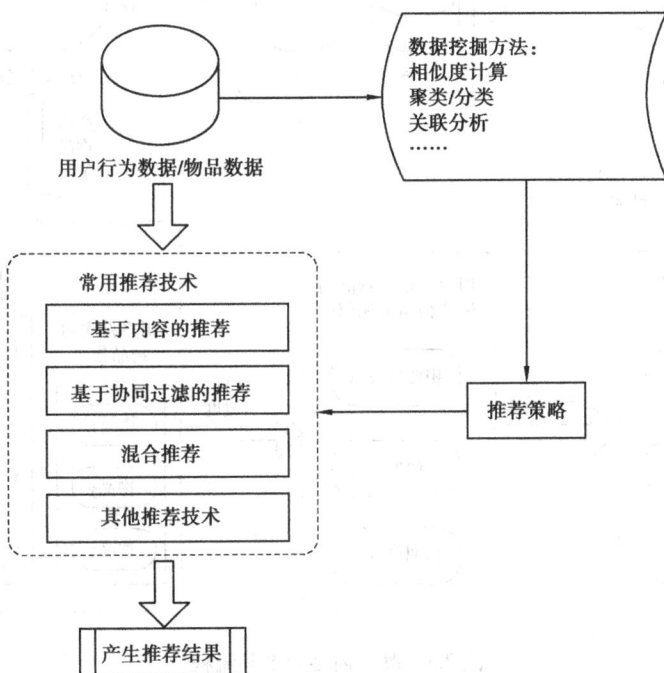

图 2.2　推荐系统框架图

从图中推荐系统的框架也可看出,个性化推荐系统一般由 3 个模块组成:用户行为信息模块、用户偏好分析模块以及推荐算法模块,三者之中推荐算法是核心要素。推荐算法是个性化推荐系统的核心与关键,其对推荐质量有着最直接的影响。目前较为常用的推荐算法分为 3 种:基于内容的推荐算法、协同过滤的推荐算法和混合推荐算法。

　　基于内容的推荐方法,是将与用户之前喜欢的在内容上相似的物品(item)推荐给他,其本质上是信息过滤技术(Information Filtering)的延续和发展。系统无须分析用户对物品的评价,而仅仅通过学习用户对历史选择物品的内容信息,从而进行新的物品推荐。其推荐实现流程如图 2.3 所示。

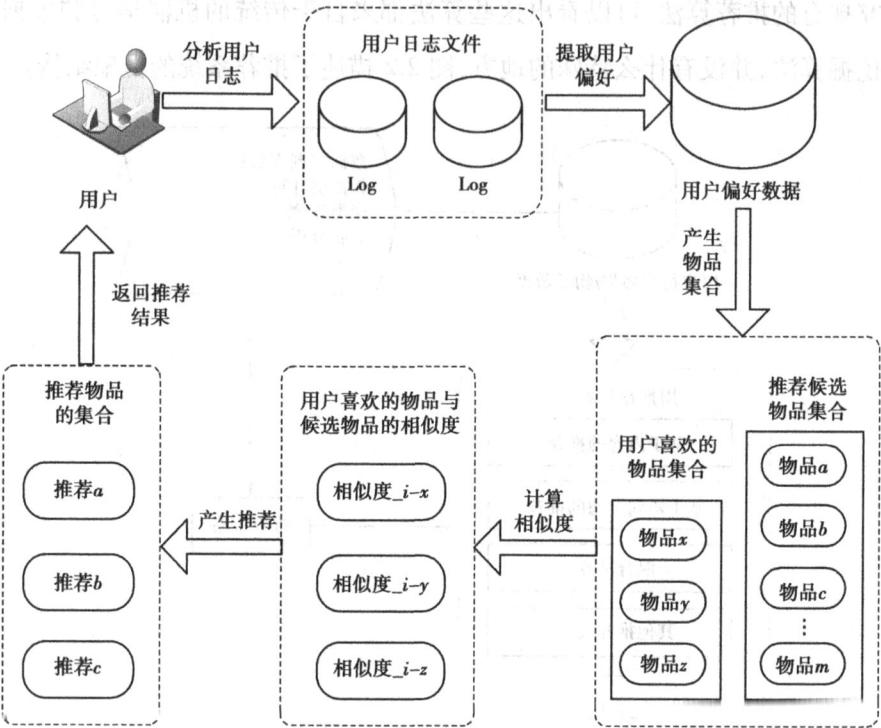

图 2.3　基于内容的推荐流程

　　在基于内容的推荐中,用户偏好的获取非常重要,收集用户的兴趣偏好主要有两种方式:隐性(implicit)和显性(explicit)。在隐性方式中,用户在通过系统获得感兴趣物品的同时,系统也会记录下该用户的一些行为数据,以便用来分析用户的行为目的及偏好。在这种方式中,系统与用户的互动较少,用户使用推荐系统的时间越长,系统越能了解到用户的偏好。然而这种方式也因与用户间的互动较少,可能会造成系统推荐的错误。在显性方式中,用户在通过系统获得感兴趣物品的同时,系统会在使用前或结束后,询问用户的感受或评价,这些反馈信息是最直接、最真实的用户兴趣数据,但这种方式可能会给使用者带来不便或反感,从而影响推荐的真实程度。显性方式与隐性方式最大的不同在于用户与系统互动交流程度的多少,互动越多,获取的用户偏好信息越丰富,也越能反映出用户的真实兴趣与偏好,但也会给使用者带来较大的负担。

基于内容的推荐算法其根本是信息提取和信息过滤,它属于文本处理研究的范畴,理论上的研究较为成熟,现存的很多基于内容的推荐系统都是基于物品的文本信息进行推荐的。最常用方法是信息过滤中的 TF-IDF 算法,但最近的研究也涉及了很多机器学习技术,比如贝叶斯分类器、聚类、决策树、人工神经网络等。它们主要的不同在于,后者对效用函数的预测不是基于启发式方法(比如夹角余弦相似度),而是利用已有数据进行统计学习或机器学习,从而获得最终的分类模型。例如,对于一个已标注的网页集合(集合中每个网页都被用户标注为相关或不相关),Pazzani 等人用朴素贝叶斯分类器来对未标注的网页进行分类(分成相关、不相关两类)。

基于内容的推荐技术具有很多优点,如不存在冷启动问题,不受打分稀疏性的约束,能够发掘隐藏的"暗信息",具有良好的用户体验等。但传统的基于内容推荐也存在较明显的缺点,如下所述。

①基于内容的推荐会受到信息获取技术的约束,如自动提取多媒体数据的内容特征具有技术上的难度,同时也会存在对 item 关键字提取不完全和不精确的问题。

②在基于内容的推荐中,其最终的推荐结果通常都是用户原本就熟悉的内容,而对于发现用户潜在的兴趣偏好基本无能为力。

基于协同过滤的推荐方法,首先利用用户的历史信息计算用户间偏好的相似性,然后利用与目标用户相似度较高的邻居对物品的评价来预测目标用户对其的兴趣程度,在此基础上自动地为目标用户进行过滤、筛选,进而进行推荐。其基本思想为具有相同或相似的价值观、思想观、知识水平以及兴趣偏好的用户,其对信息的需求与偏好也是相似的。基于协同过滤的推荐方法基本实现流程如图 2.4 所示。

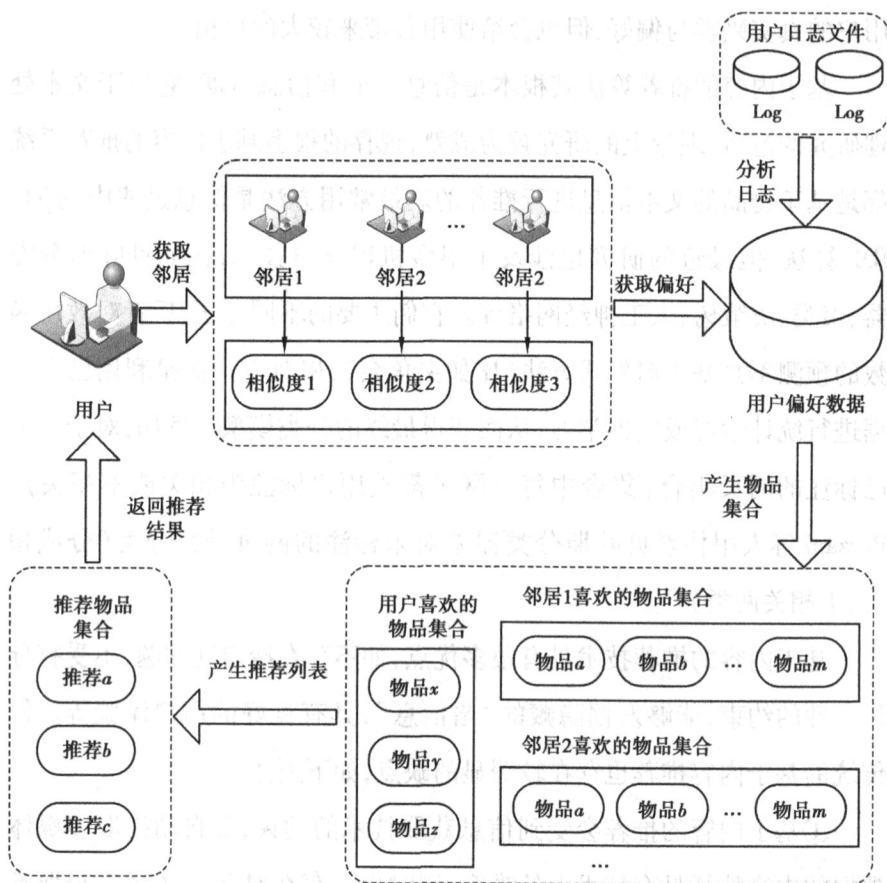

图 2.4　基于协同过滤的推荐流程

基于协同过滤的推荐方法是目前在推荐系统中应用最为广泛的技术,与基于内容的推荐方法相比,它的一个显著优势是对推荐的对象没有特殊要求,能够推荐艺术品、音乐、电影等难以进行内容分析的物品;同时它也可以发现用户潜在的但未觉察的兴趣与偏好,具有推荐新信息的能力。目前基于协同过滤的推荐方法,在理论研究与实际应用都取得了诸多的成果,但同时也存在着明显的缺点,如下所述。

①基于协同过滤的推荐在对新用户进行推荐,或者推荐新的物品给用户的时候,会存在冷启动的问题。

②用户在高维空间中通常只访问并评分相对较少的物品,因此会产生用户-物品评价数据稀疏性问题,这将导致很难确定目标用户的邻居,致使推荐算法的推荐覆盖率降低,甚至无法实现推荐。

鉴于基于内容的推荐方法和基于协同过滤的推荐方法都有优缺点和技术特点,且具有较强的互补性,因此很多学者都在研究基于多种方法的混合推荐(Hybrid Recommendation)系统。目前的混合推荐方法中,较为常见的是基于内容和基于协同过滤的混合,最简单的做法就是用基于内容和基于协同过滤推荐的方法分别得到一个推荐结果,然后将这两者按照一定的原则组合产生最终的推荐结果。

2.2.2　推荐引擎的架构

基于特征的个性化推荐系统可以使用一种或几种用户特征,按照一种推荐策略生成一种类型的推荐物品的列表,图 2.5 描述了具体推荐引擎的架构。

从图 2.5 可以看出,推荐引擎主要包括 3 个步骤,如下所述。

①首先从数据库或者网页缓存中提取用户的行为数据,通过对行为数据的分析,并经过行为特征转换,生成用户的行为特征向量。

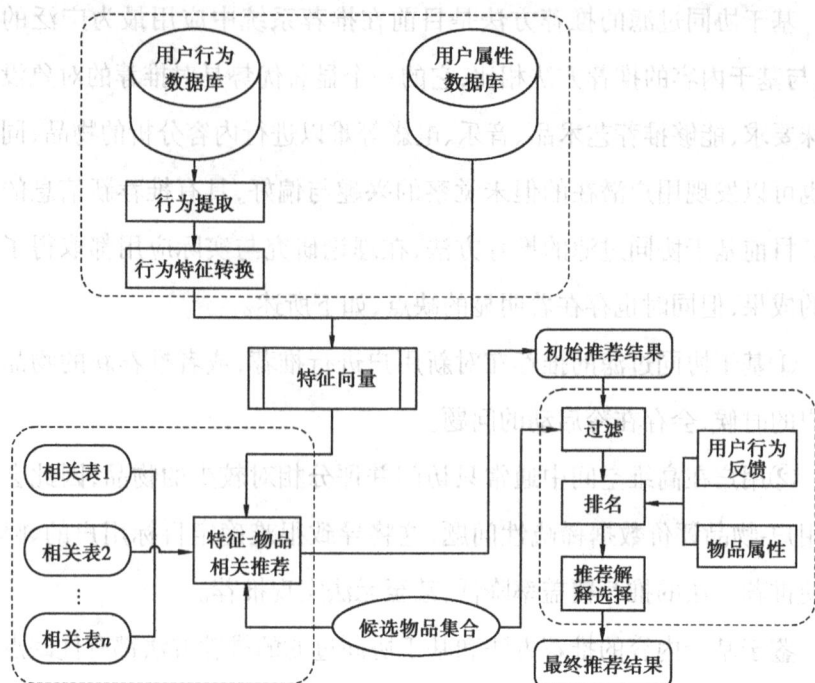

图 2.5　推荐引擎的架构

②然后将用户的行为特征向量通过特征-物品相关矩阵转化为初始推荐物品列表。

③最后是推荐结果的优化部分,推荐引擎对初始的推荐列表进行过滤、排名、推荐解释选择等处理步骤,从而生成最终的推荐结果。

从图 2.5 推荐引擎的架构来看,一般推荐引擎可分为 4 个主要模块:用户特征向量生成模块、特征-物品相关推荐模块、过滤模块以及排名模块。

①用户特征向量生成模块。用户的特征主要包括两种:一种是用户的注册信息,其主要是用户的人口统计学特征,包括用户的年龄、性别、国籍、民族等用户在注册时提供的信息。另一种是用户的行为特征,包括用户浏览、收藏以及给物品打分等行为相关的特征,它主要是从用户的行为

中计算出来的。

②特征-物品相关推荐模块。在得到用户的特征向量后,可根据数据库中的相关表得到初始的物品推荐列表。对于每一个特征,可在相关表中存储和它最相关的 N 个物品。特征-物品相关推荐模块还可以接受一个候选物品集合,候选物品集合可以保证推荐结果只包含该集合中的物品。

③过滤模块。在得到初步的推荐列表后,推荐系统还不能直接将这个列表展现给用户,还需要对结果进行过滤,过滤掉那些不符合要求的物品。如用户已经产生过行为的物品、候选物品以外的物品、一些质量很差的物品等。

④排名模块。已经过滤的物品直接展示给用户是行得通的,但是如果能对这些物品进行排名,则可以更好地提升用户的满意度。如可以按照新颖度进行排名,给用户推荐他们不知道的、长尾中的物品;也可以考虑多样性进行排名,这样会让推荐结果更可能多地覆盖用户的兴趣;还可以考虑使用时间的多样性进行排名,这样可以保证用户每天看到不完全相同的推荐结果。同时在推荐排名模块增加一个用户反馈,这样就可以通过分析用户之前和推荐结果的交互日志,预测用户对推荐结果的兴趣度。

2.3　基于半监督学习的推荐技术

基于内容的推荐方法是通过学习用户对历史选择物品的内容信息,从而进行新物品的推荐。该方法根本在于信息提取和信息过滤,属于文本处理的范畴,无疑利用机器学习的方法进行推荐是一种很有效的策略。但这种方法缺乏对用户潜在的挖掘能力,当新用户进入系统时,由于在系统上没有任何历史记录,会导致无法正确实时地作出有效的推荐。

基于协同过滤的推荐方法主要包括基于用户的协同过滤方法(UserCF)和基于内容的协同过滤方法(ItemCF)。UserCF 给用户推荐那些和他有共同兴趣偏好的用户感兴趣的物品,而 ItemCF 给用户推荐那些和他之前感兴趣的物品类似的物品。因此不难看出,UserCF 推荐算法的核心是计算用户兴趣偏好的相似度;ItemCF 推荐算法看似是基于物品的内容,但其实际上是通过分析用户的行为记录计算物品之间的相似度,而并没有真正利用物品的内容属性计算物品间的相似度。ItemCF 方法认为,物品 A 和物品 B 具有很大的相似度是因为喜欢物品 A 的用户大都也喜欢物品 B。

实现个性化推荐最理想的情况是用户能在注册的时候主动告之他喜欢什么,其核心就是利用自然语言处理技术理解用户用来描述兴趣的自然语言,而利用机器学习技术进行建模正是挖掘物品内容信息的一种有效的、比较成熟的方法。考虑到推荐系统中存在着大量的用户标签信息(有标签数据),而有用户标签信息的数据相对于数据中的记录条数(无标签数据)又是十分稀少的,半监督学习方法正是一种利用有限的有标签数据和大量的无标签数据结合起来进行建模的有效方法。因此,本书提出了利用半监督学习的方法实现真正的基于用户行为信息与物品内容信息的个性化推荐。

2.3.1　利用物品内容信息

物品的内容信息多种多样,不同类型的物品有不同的内容信息。如电影的内容信息一般包括:标题、导演、演员、剧情、风格、国家等;图书的内容信息一般包括:标题、作者、出版社、正文等。表2.1展示了常见物品的内容信息。

表 2.1　常见物品内容信息

物品(items)	内容信息
图书	标题、作者、出版社、出版年代、书名、目录、正文
论文	标题、作者、作者单位、关键词、分类、摘要、正文
电影	标题、导演、演员、编剧、类别、剧情简介、发行公司
新闻	标题、正文、来源、作者
微博	作者、内容、评论

利用机器学习算法对物品的内容信息进行建模,则需要将物品的内容通过向量空间模型(Vector Space Model, VSM)进行表示,该模型将物品表示成一个关键词的向量。如果物品的内容是一些诸如导演、演员的实体,则可以直接将这些实体作为关键词。如果内容是文本的形式,则需要利用一些自然语言处理技术抽取关键词。图2.6是利用自然语言处理技术从文本中抽取关键词的主要步骤。

图 2.6　关键词向量生成流程

对于物品 d,其内容信息可以表示成一个关键词向量,如:

$$d_i = \{(e_1, w_1), (e_2, w_2), \cdots, (e_n, w_n)\}$$

其中,e_i 是关键词,w_i 是关键词对应的权重。如果物品是文本,则可以用 TF-IDF 方法计算词的权重:

$$w_i = \frac{TF(e_i)}{\log DF(e_i)}$$

如果物品是电影,也可根据演员在剧中的重要程度赋予他们权重。向量空间模型虽然也存在较严重的信息丢失,但实验表明其对于文本的分类、聚类、相似度计算等任务可以给出较满意的结果。

2.3.2 利用用户标签信息

用户标签是一种无层次化结构的、用来描述信息的关键词,它可以用来描述物品的语义[107]。用户标签分为两种:一种是让作者或者专家给物品打标签;另一种是让普通用户给物品打标签(User Generated Content, UGC)。UGC 标签是一种表示用户兴趣和物品语义的重要方式,当一个用户给物品打上了标签,这个标签就描述了用户对物品的兴趣,同时也表示了物品的语义,从而将用户和物品联系起来。

用户标签信息作为一种重要的用户行为,蕴含了很多用户兴趣信息,因此深入研究和利用用户的标签信息可以很好地指导个性化推荐的过程,从而改进推荐系统的质量。用户标签描述对物品的看法,是联系用户和物品的纽带,也是反映用户兴趣的重要数据。豆瓣等公司都很好地利用了标签数据改进推荐系统,表 2.2 描述了 Delicious 和 CiteULike 数据集的信息。

表 2.2 Delicious 和 CiteULike 数据集信息

数据集	用户数	物品数	标签数	记录数
Delicious	11 200	8 791	42 233	105 665
CiteULike	12 466	7 318	23 068	409 220

从表 2.2 中 Delicious 和 CiteULike 数据集的基本信息可看出,相对数据集中的记录数,数据集中的标签数是相对少量的。在分析其他推荐系统的数据集时,几乎也有类似的规律,因此本书提出了基于半监督学习方

法的推荐策略,利用少量的标签数据和大量的无标签数据进行建模,这也正是半监督学习方法最显著的优势。

2.3.3　个性化推荐的策略

个性化推荐系统是联系用户和物品的媒介,GroupLens 的研究人员指出当前流行的推荐系统联系用户和物品主要有 3 种方式,如图 2.7 所示。第一种方式是利用用户喜欢过的物品,给用户推荐与他喜欢过的物品相似的物品,这是一种基于物品的推荐方式;第二种是利用和用户兴趣相似的其他用户,给用户推荐和他们兴趣爱好相似的其他用户喜欢的物品,这是一种基于用户的推荐方式;第三种重要的方式是通过一些特征(feature)联系用户和物品,给用户推荐那些具有用户喜欢特征的物品。这 3 种方式的抽象理解就是:如果认为用户喜欢的物品是一用户特征,或者和用户兴趣相似的其他用户也是一种用户特征,那么用户就和物品通过特征相联系。本书正是利用第三种方式(基于特征的方式)构建用户和物品间的联系,从而实现基于机器学习模型的个性化推荐系统的构建。

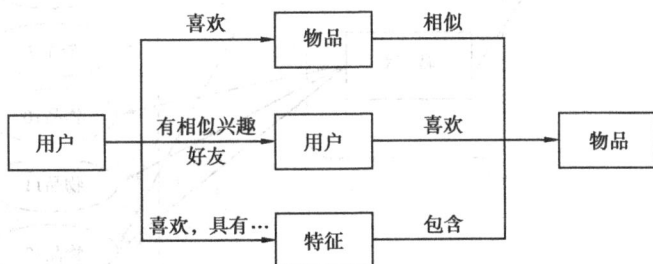

图 2.7　用户和物品联系的 3 种方式

根据图 2.7 的抽象,可以设计一种基于特征的个性化推荐系统的架构。如图 2.8 所示为基于特征的个性化推荐系统架构,其核心任务可分解为两个部分:一个是用户特征的生成;另一个是根据特征找到关联的物品。它针对每一个用户,推荐系统会为用户生成相应的特征;然后根据每一个特征找到和特征相关的物品,从而最终生成用户的推荐列表。

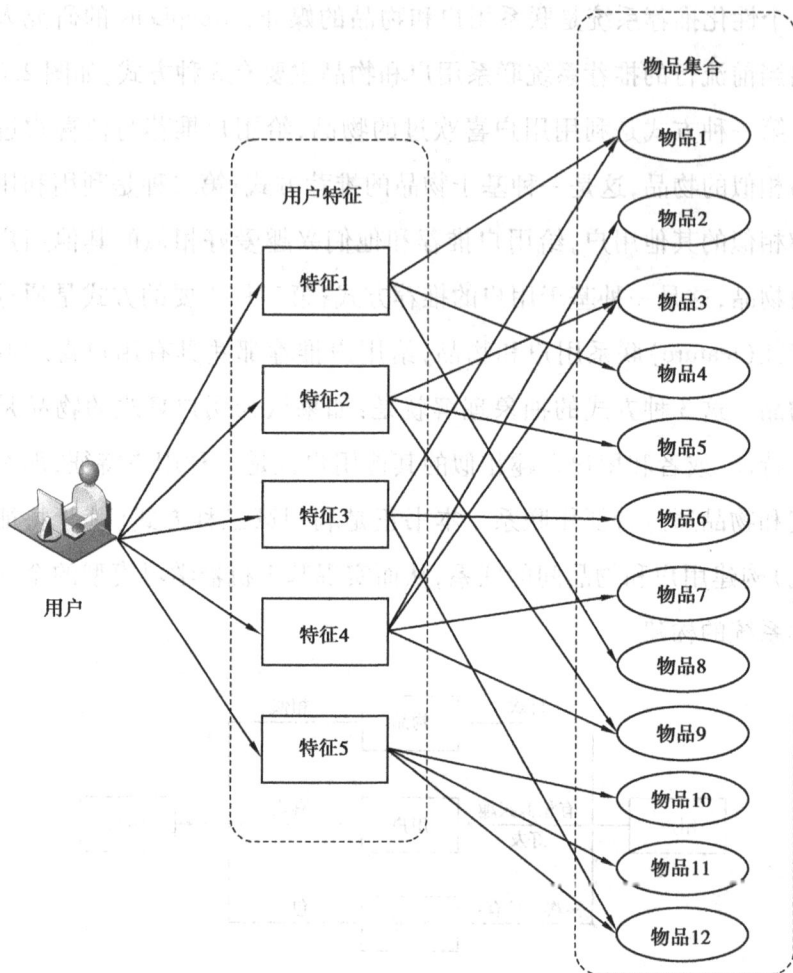

图 2.8   基于特征的个性化推荐系统架构

2.4　个性化推荐评测

2.4.1　实验方法

推荐系统的评测指示都是通过实验的方法获得的。在个性化推荐系统中,主要有 3 种评测推荐效果的实验方法[108]:离线实验(offline experiment)、用户调查(user study)和在线测试(online experiment)。

(1)**离线实验**

离线实验方法一般包括 3 个步骤:①通过用户日志系统提取用户行为数据,并经过行为特征转换生成一个标准的数据集;②按比例将数据集随机分为训练集和测试集,在训练集上训练用户兴趣模型,在测试集上进行预测;③将测试集上的标签作为标准答案,利用离线评测算法在测试集上计算实验效果。离线实验方法的优点是不需要真实用户参与,可直接、方便、快速地测试大量推荐算法的结果;缺点是无法获得很多商业上的关注指标,如点击率、转化率等。

(2)**用户调查**

用户调查就是在推荐系统直接上线测试前,针对用户的满意度等作的实验。用户调查需要一些真实用户,让他们在需要测试的推荐系统上完成规定的任务。通过观察和记录他们的行为,并让他们回答一些问题,分析他们的行为和答案,从而获得测试系统的性能。用户调查方法的优点是可获得很多体验用户主观感受的指标;缺点是招募测试用户代价大,很难组织大规模的测试用户,因此测试结果的统计意义不足。

(3)**在线测试**

在线测试,顾名思义就是让系统直接上线进行测试。较为常用的一种方法就是 AB 测试,它通过一定规则将用户随机分成几组,对不同组的用户采用不同的算法,然后统计不同组的用户的评测指标(如点击率),进而比较不同算法的性能。在线测试的优点是可以公平获得不同算法实际在线时的性能指标,包括商业上关注的指标;缺点是周期比较长,需进行长期的实验才能得到可靠的结果。

基于上述 3 种实验方法的优缺点,考虑实际情况和测试代价等因素,本书所采用的实验测试方法都是采用离线实验方法。

2.4.2 评测指标

评测指标是评价推荐系统性能的载体。有些指标可以通过定量计算,有些可以通过离线实验计算,而还有些只能通过定性描述和用户调查来获得。下面将简单讨论这些不同的指标。

(1)预测准确度

预测准确度是度量推荐系统或推荐算法并预测用户行为能力的指标,它是推荐系统离线评测中最重要的指标。从推荐系统诞生起,几乎所有的与推荐系统相关的研究都在讨论这一指标。主要因为这一指标可以通过离线实验直接计算而得,极大地方便了研究人员对推荐算法的研究。

对于评分预测系统,预测准确度一般通过均方根误差(RMSE)和平均绝对误差(MAE)计算。假定测试集中的一个用户 u 和物品 i,令 r_{ui} 是用户 u 对物品 i 的实际评分,而 $\tilde{r}_{ui}$ 是推荐算法给出的预测评分,那么 RMSE 的定义为:

$$RMSE = \sqrt{\frac{\sum_{u,i \in T}(r_{ui} - \tilde{r}_{ui})^2}{|T|}}$$

MAE 是采用绝对值来预测误差,可定义为:

$$MAE = \frac{\sum_{u,i \in T} |r_{ui} - \tilde{r}_{ui}|}{|T|}$$

对于 TopN 的推荐系统,预测准确度一般通过准确率(Precision)和召回率(Recall)来度量。定义 $R(u)$ 是根据用户在训练集上的行为用户返回的推荐列表,$T(u)$ 是用户在测试集上的行为列表。那么推荐结果的准确率定义为:

$$Precision = \frac{\sum_{u \in U} |R(u) \cap T(u)|}{\sum_{u \in U} |R(u)|}$$

推荐结果的召回率定义为:

$$Recall = \frac{\sum_{u \in U} |R(u) \cap T(u)|}{\sum_{u \in U} |T(u)|}$$

(2)覆盖率

覆盖率(Coverage)描述一个推荐系统对物品长尾的发掘能力。覆盖率的定义方法有很多,最简单的定义是推荐系统推荐出来的物品占总物品集合的比例。假定系统的用户集合为 U,推荐系统为每个用户推荐的物品列表为 $R(u)$,物品的总列表为 I。那么推荐系统的覆盖率定义为:

$$Coverage = \frac{|U_{u \in U} R(u)|}{|I|}$$

在信息论和经济学中还有两个著名的指标可以用来定义覆盖率。一个是信息熵:

$$H = -\sum_{i=1}^{n} p(i) \log p(i)$$

在上式中,$p(i)$ 是物品 i 的流行度与所有物品流行度之和的比值。

另一个指标是基尼系数(Gini Index):

$$G = \frac{1}{n-1} \sum_{j=1}^{n} (2j - n - 1) p(i_j)$$

在上式中,i_j是指按物品的流行度从小到大顺序的物品列表中的第j个物品,$p(i_j)$是指第j个物品的流行度。

(3)用户满意度

用户满意度是通过调查问卷的形式向用户调查获得的。一般问卷调查不仅简单地询问用户对结果是否满意,而且从不同侧面询问用户对结果的不同感受。在在线系统中,用户满意度主要通过对一些用户行为的统计得到。比如在电子商务网站中,可以利用购买率度量用户满意度;在视频推荐网站中,可以采用用户反馈度量用户的满意度;更一般情况,可以通过点击率、用户停留时间、转化率等度量用户满意程度。

(4)其他评测指标

此外,还有一些评测指标,如多样性、新颖性、惊喜度、信任度、实时性、健壮性、商业目标等。这些评测指标从用户兴趣的广泛性、推荐物品的新颖性等方面进行度量,最近几年也在推荐系统领域得到了不同程度的应用。

本章小结

本章首先介绍了机器学习的研究领域,引入了半监督学习的概念,进而论述了近年来半监督学习的相关研究成果;然后对个性化推荐技术及推荐引擎的架构进行了介绍,并重点阐述基于半监督学习的个性化推荐方法的相关技术;最后介绍了个性化推荐系统的评测,主要从实验方法和评测指标两个方面进行论述。

第 **3** 章

基于半监督混合聚类的推荐方法

‹‹

  基于协同过滤的推荐方法利用用户的兴趣偏好相似性来产生推荐，它是将相似用户喜欢的物品推荐给目标用户。其策略是具有相同或相似价值观、知识水平或兴趣偏好的用户，对信息的需求也是相似的。协同过滤推荐方法的一个显著优势是对推荐的对象没有特殊要求，能够推荐艺术品、音乐、电影等难以进行内容分析的物品。图 3.1 描述了协同过滤的个性化推荐系统框架。

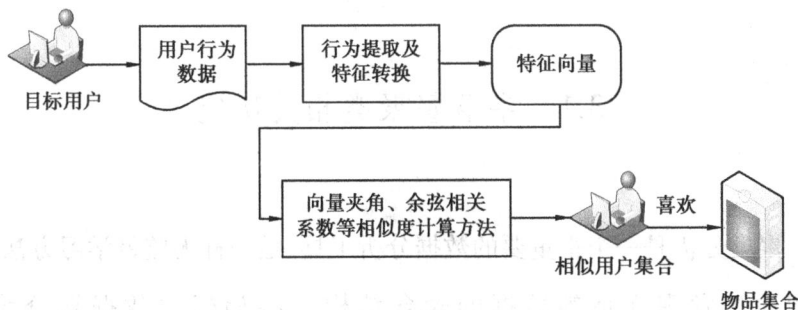

图 3.1　协同过滤推荐的框架

基于协同过滤的推荐方法关键在于用户的相似度计算,常用的相似度计算方法主要集中于 Jaccard 系数、向量夹角、余弦皮尔逊相关系数(Pearson Correlation Coefficient)等。但这些方法存在着共同的缺点,如下所述。

①计算用户兴趣相似度的方式单一。

②算法的时间复杂度与用户的数成平方数增长(即 $O(|U| * |U|)$),当用户数很大时非常耗时。

③这些相似度计算方法无法挖掘用户行为数据潜在的隐藏约束关系,而在很多情况下,这些潜在的隐藏约束关系(must-link 和 cannot-link 的成对约束)是实实在在存在的。

④不易利用用户标签信息。在一个实际的推荐系统中,普遍存在着用户给物品打的标签,这些用户标签信息或者是用户对物品特征的标签,或者是用户对物品喜欢程度的标签,它一方面描述了用户的兴趣;另一方面也表达了物品的语义,其对实现个性化推荐具有重要的作用。

基于上述问题,本章提出了一种基于距离度量和高斯混合模型的半监督聚类算法(Semi-Supervised Hybrid Clustering by Integrating Gaussian Mixture Model and Distance Metric Learning,SSCGD 算法)替代用户行为的相似度计算,从而实现基于聚类分析的个性化推荐。

3.1　半监督聚类相关研究

聚类分析是一个很重要的数据分析工具,是一种无监督学习方法,它试图通过发现无标签数据的隐含结构并将相似的数据划分为一簇[109,110],使簇内数据相似性尽量大,而簇间数据相似性尽量小。常用的聚类算法有很多,如 K-Means 聚类算法[111]、EM 聚类算法[112,113]、谱聚类[114,115]、最大间隔聚类[116]等都是广泛使用的聚类算法。这些无监督学习的聚类算法在很多实际领域都得到了广泛的应用,但也存在一个共性问题,那就是在处理海量数据时算法的精度很难得到保证。这主要是因为传统的无监督聚类算法没有利用数据样本的先验信息,也不能挖掘数据间潜在的隐藏关系,然而在许多实际的情况下,在数据样本之间的的确确存在着一些约束关系可以被挖掘。

半监督聚类是介于监督学习和无监督学习之间的一种学习方式,它是在无监督聚类学习的基础上,研究如何通过融合少量的监督信息或者先验知识指导聚类过程,以提高聚类性能[117]。通常这些少量的监督信息或先验知识可以是数据的类别标签,也可以是数据样本间的成对约束关系。

根据监督信息使用方式的不同,半监督聚类算法可以分为 3 类:基于约束(constraint-based)的方法、基于距离(distance-based)的方法、基于距离和约束融合的方法。基于约束的半监督聚类算法利用 must-link 和 cannot-link 成对约束来指导聚类过程,其中 must-link 约束要求两个数据点必须在同一个聚类中,而 cannot-link 约束要求两个数据点不能在同一个聚类中。基于约束的半监督聚类算法是目前研究应用较多的一种方法[118,119],它利用监督信息约束最优聚类的搜索过程,如将约束条件加入聚类的目标函数中[120],强制满足连接约束条件[121]。结合 EM 理论支持的 Seeded-K 均值和 Constrained-K 均值的 Generative 模型算法[122]、基于隐马尔可夫随机域模型的 HMRF-K 均值算法也都是其代表性的工作[123]。基于距离的半监督聚类算法利用成对约束学习距离度量,改变各样本间的距离,从而获得更好的聚类结果[124,125],其基本思想是,首先训练相似性度量以满足类别或限制信息,然后使用基于距离度量的聚类算法进行聚类。基于距离和约束融合的半监督聚类算法是上述两种方法的融合[118,123]。如 Basu 等人在 K-Means 监督算法的基础上,引入成对约束作为监督信息,在目标函数上增加了不满足约束的惩罚项[118]。

与无监督聚类相比,半监督聚类的目的是挖掘并更好地理解无标签数据的结构,并利用监督或者约束信息使聚类结果更符合用户的喜好[126]。一般地,现有的半监督聚类方法可分为 3 类:基于搜索的方法、基于相似性的方法以及混合的方法[127,128]。

①在基于搜索的方法中,利用有监督信息来初始化聚类参数,并指导聚类过程,或在聚类算法的目标函数中增加一个惩罚因子[129]。具体操作如下:通过执行约束传递闭包,利用有监督信息来初始化簇[122],或在聚类过程中增加一些限制约束条件[130],或者通过在损失函数中引入惩罚因子使其满足指定的约束条件[120]。然而基于搜索的方法会受到成对约束空间的影响。

②基于相似度的方法使用度量学习来定义实例间的相似性,从而在度量空间中对其进行聚类。聚类过程遵循以下准则:具有 must-link 约束的实例更可能被聚为一类,由于这些实例有更近的度量空间;相反,具有 cannot-link 约束的实例更可能被聚为不同的类。目前,基于相似度的聚类方法已经作了大量的研究与改进,如利用梯度下降法进行 Jensen-Shannon 散度训练[131],利用最短路径算法修改欧式距离的方法[132],利用凸优化调整马氏距离[133]。然而,基于相似度的方法在某些情况下违背了 must-link 和 cannot-link 的约束条件。

③混合方法是基于搜索和基于相似性两种方法的集成。由于更好地利用监督信息,混合方法是目前的趋势[118,128]。

对比上述提出的聚类算法,并结合个性化推荐中的用户信息及物品内容信息的特征,现提出了一种基于距离度量和高斯混合模型的半监督聚类的个性化推荐算法。在聚类分析过程中,该算法综合了 K-Means 聚类算法和 EM 聚类算法的优势,利用用户间隐藏的约束关系构建一个权重矩阵,然后利用 Kullback-Leibler 散度对其进行规范化处理,将其加入高斯混合模型的目标函数中,最后用期望最大化算法(EM)实现对目标函数的优化求解。

3.2　常用聚类算法

3.2.1　K-Means 算法

K-Means 算法,也被称为 K-平均或 K-均值,是一种广泛使用的聚类算法。该算法是以 k 为输入参数,将 n 个对象的集合分为 k 个簇,使得聚类结果中簇内数据的相似度高,而簇间数据的相似度低。K-Means 算法的处理流程如下:首先,随机选择 k 个对象,每个对象代表一个簇的初始均值或中心。对剩余的每个对象,根据其与各个簇均值的距离将其指派到最相似的簇。然后计算每个簇的新均值。这个过程不断重复,直到准则函数收敛。通常采用平方误差准则,其定义如下:

$$E = \sum_{i=1}^{k} \sum_{p \in c_i} |p - m_i|^2$$

其中,E 是数据集中所有对象的平方误差和,p 是空间中的点,m_i 是簇 c_i 的均值。K-Means 的算法伪代码描述见表 3.1。

表 3.1　K-Means 聚类算法伪代码

算法描述:K-Means 是划分的 k-平均值算法,基于簇中对象的平均值
输入:k—簇的数目,D—包含 n 对象的数据集
输出:k 个簇的集合

续表

①从 D 中任意选择 k 个对象作为初始簇的中心；
②Repeat；
③根据簇中对象的均值，将每个对象指派到最相似的簇；
④更新簇均值，即计算每个簇中对象的均值；
⑤Until 不再发生变化。

3.2.2　EM 聚类算法

EM 算法又称期望最大化算法（Expectation Maximization，EM），是 Dempster 等人 1977 年提出的求参数极大似然估计的一种方法[112]，其是一种基于模型的聚类方法。EM 算法是在概率（probabilistic）模型中寻找参数最大似然估计或者最大后验估计的算法，其中概率模型依赖于无法观测的隐藏变量。假设数据实例分布符合高斯混合模型，算法的目的是确定各个高斯部件的参数，充分拟合给定数据，并得到一个模糊聚类，即每个实例以不同概率属于每个高斯分布，概率数值将由以上各个参数计算得到。

高斯混合模型是多个高斯密度函数的线性组合，旨在提供一个比单个高斯函数更丰富的混合模型。给定训练数据集 $\{x_1, \cdots, x_m\}$，其中 x 的每一列是一个特征向量，将隐含类别标签用 c_i 表示。这里假定每一个高斯函数的先验分布 $c_i \sim Multinomial(\phi)$（其中 $\Phi_j = p(c_i = j)$，$\phi_j \geqslant 0$，$\sum_{j=1}^{k} \phi_j = 1$，$k$ 表示 c_i 的类别，取 $\{1, \cdots, k\}$。并且在给定 c_i 后，x_i 满足多值高斯分布，即 $x_i \mid c_i = j \sim N(\mu_j, \Sigma_j)$。由此可得到联合概率分布 $p(x_i, c_i) = p(x_i \mid c_i) p(c_i)$，从而对这些数据进行建模。

对于高斯混合模型，可简单描述为对于每个实例 x_i，可先从 k 个类别中按多项式分布抽取一个 c_i，然后根据 c_i 所对应的 k 个多值高斯分布中

生成一个实例 x_i,整个过程称为高斯混合模型。需要说明的是 c_i 仍然是隐含随变量,模型中还包括 3 个参数,即 Φ,μ,Σ,则最大似然估计可定义为:

$$\ell(\Phi,\mu,\Sigma) = \sum_{i=1}^{m} \log p(x_i;\Phi,\mu,\Sigma)$$

$$= \sum_{i=1}^{m} \log \sum_{c_i=1}^{k} p(x_i \mid c_i;\mu,\Sigma) p(c_i;\Phi)$$

按照求函数最大值的常用方法,首先对其求导并令其等于零,然而可以发现这种方法在解决上式的最大似然估计时是行不通的,因为该式的求导结果不是一个封闭解(closed form)。如果假设事先知道每个实例的 c_i,那么这个最大似然估计问题将变得简单。在此,算法引入了隐藏变量 $P(c \mid x)$ 表示观察实例 x 属于类别 c 的概率,那么最大似然估计函数可记为:

$$\ell(\Phi,\mu,\Sigma) = \sum_{i=1}^{m} \sum_{l=1}^{k} P(c_l \mid x_i)(\log p(x_i \mid c_l;\mu,\Sigma) + \log \Phi_l)$$

在下面的公式中,算法引入一个非常有用的符号 $1\{\cdot\}$,它表示当大括号中表达式的布尔值为真时,$1\{\cdot\}$ 的值为 1,否则它的值是 0,也即 $1\{true\} = 1,1\{false\} = 0$。对 Φ,μ,Σ 分别求偏导数得:

$$\Phi_j = \frac{1}{m} \sum_{i=1}^{m} 1\{c_i = j\}$$

$$\mu_j = \frac{\sum_{i=1}^{m} 1\{c_i = j\} x_i}{\sum_{i=1}^{m} 1\{c_i = j\}}$$

$$\Sigma_j = \frac{\sum_{i=1}^{m} 1\{c_i = j\}(x_i - \mu_j)^{\mathrm{T}}(x_i - \mu_j)}{\sum_{i=1}^{m} 1\{c_i = j\}}$$

其中,Φ_j 是实例类别中 $c_i = j$ 的比率,μ_j 是类别为 j 的数据样本特征的均值,Σ_j 是类别为 j 的数据样本特征的协方差矩阵。

实际上,在确实了聚类簇 c_i 后,最大似然估计就变得非常接近高斯判别分析模型(Gaussian discriminant analysis model)了,所不同的是 c_i 在这里扮作类别标签的作用。

考虑之前提到的期望最大化(EM)算法是一个迭代算法,其可以分为两步。应用到这个问题上,第一步(E 步)是猜测隐含变量 c_i,第二步(M 步)是更新模型中的其他参数。在 M 步中,算法假设在 E 步中的猜测是完全正确的,则 EM 算法伪代码描述见表 3.2。

表 3.2　EM 聚类算法伪代码

算法描述:EM 聚类算法是高斯混合模型的聚类方法
输入:Φ_j—实例类别中 $c_i = j$ 的比率,μ_j—类别为 j 的实例特征的均值,Σ_j—类别为 j 的实例特征的协方差矩阵
输出:$p(c_i = j \mid x_i; \phi, \mu, \Sigma)$

Repeat until convergence:{
(**E-step**)**for each** i, j, **set**

$$w_i^{(j)} := p(c_i = j \mid x_i; \Phi, \mu, \Sigma)$$

(**M-step**)**Update the parameters**:

$$\Phi_j = \frac{1}{m} \sum_{i=1}^{m} w_i^{(j)}$$

$$\mu_j = \frac{\sum_{i=1}^{m} w_i^{(j)} x_i}{\sum_{i=1}^{m} w_i^{(j)}}$$

$$\Sigma_j = \frac{\sum_{i=1}^{m} w_i^{(j)} (x_i - \mu_j)^{\mathrm{T}} (x_i - \mu_j)}{\sum_{i=1}^{m} w_i^{(j)}}$$

}

在 E 步中,将 Φ, μ, Σ 看作常量,计算 c_i 的后验概率,也就是估计类别的隐含变量。算法使用了贝叶斯公式,$w_i^{(j)}$ 的计算公式如下:

$$p(c_i = j \mid x_i; \Phi, \mu, \Sigma) = \frac{p(x_i \mid c_i = j; \mu, \Sigma) p(c_i = j; \Phi)}{\sum_{l=1}^{k} p(x_i \mid c_i = l; \mu, \Sigma) p(c_i = l; \Phi)}$$

在公式中, $p(x_i \mid c_i = j; \mu, \Sigma)$ 的值是利用高斯密度函数计算得来:

$$P(x_i \mid c_i = j, \mu, \Sigma) = \frac{1}{(2\pi)^{\frac{n}{2}} \left| \Sigma_j \right|^{\frac{1}{2}}} \times$$

$$\exp\left[-\frac{1}{2} (x_i - \mu_j)^{\mathrm{T}} \Sigma_j^{-1} (x_i - \mu_j) \right]$$

$$P(c_i = j; \Phi) = \Phi_j$$

在上述算法中,使用了聚类分布预测的概率 $w_i^{(j)}$ 代替了前面的 $1\{c_i = j\}$。与 K-Means 聚类算法相同的是,EM 聚类算法的结果仍然受局部最优的影响,所以对参数重新进行多次不同的初始化不失为一种较好的办法。

3.3　SSCGD 算法描述

3.3.1　算法的框架

关于高斯混合模型的聚类算法,研究人员在之前做了大量的工作,如 LCGMM、LapGMM[134,135]。同这些基于高斯混合模型的聚类算法相比,本章提出一种基于距离度量和高斯混合模型的半监督聚类算法,旨在研究如何在聚类过程中利用一些监督信息,而这些监督信息在个性化推荐系统中是真实存在的。SSCGD 算法的框架描述如图 3.2 所示。

从图 3.2 可以看出算法主要包括两个部分:距离度量学习和高斯混合模型的似然估计,这两部分通过线性组合构成了该算法的目标函数。在距离度量学习中,利用马氏距离度量两个实例之间的相似度,它充分利用了数据集的几何结构来构造权重矩阵;在高斯混合模型的似然估计中,

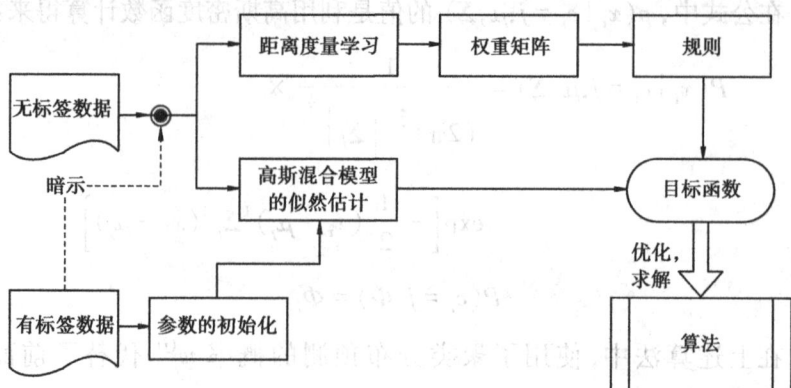

图 3.2   SSCGD 算法的框架

算法将来自权重矩阵的规则和高斯混合模型进行线性组合,构成 SSCGD 算法的目标函数。最后利用 Kullback-Leibler 散度作为距离约束来度量两个高斯分布的相似度,并利用期望最大化算法来对目标函数进行优化和求解。

3.3.2   权重矩阵构建

假设 $\vec{x}$ 和 $\vec{y}$ 是数据集合中两个实例的特征向量,则它们间的马氏距离可定义为:$dis(\vec{x},\vec{y}) = \sqrt{(\vec{x}-\vec{y})S^{-1}(\vec{x}-\vec{y})}$,其中 S 是这两个特征向量的协方差矩阵。相较欧氏距离,其考虑到各种特性之间的相关性并且是与尺度无关的(scale invariant)。定义 L 表示有标签数据,U 表示无标签数据,W_{ij} 表示实例 x_i 和实例 x_j 间边的权重。构建权重矩阵的规则如下:

48

$$Rule\ 1: if\ x_i \in L\ and\ x_j \in L, W_{ij} = \begin{cases} 1 & if\ label(x_i) = label(x_j) \\ 0 & otherwise \end{cases}$$

$Rule\ 2: if\ x_i \in L\ or\ x_j \in U,$

$$where\ \mu^{(k)} = \frac{\sum_{l=1}^{m} 1\{label(x_l) = label(x_i)\} x_l}{\sum_{l=1}^{m} 1\{label(x_l) = label(x_i)\}},$$

$$dis_{max}^{(k)} = \max(dis(\mu_k, x_1), \cdots, dis(\mu_k, x_m))$$

$$W_{ij} = \begin{cases} 1 & if\ dis(\mu_k, x_j) < dis_{max}^{(k)} \\ \dfrac{dis_{max}^{(k)}}{dis(\mu_k, x_j)} & otherwise \end{cases}$$

$Rule\ 3: if\ x_i \in U\ or\ x_j \in L, W_{ij}\ is\ similar\ to\ Rule\ 2$

$Rule\ 4: if\ x_i \in U\ and\ x_j \in U,$

$while\ k \in \{1 \cdots k\}\ do$

$if\ dis(x_i, \mu^{(k)}) \leqslant dis_{max}^{(k)}\ and\ dis(x_j, \mu^{(k)}) \leqslant dis_{max}^{(k)}$

$W_{ij} = 1\ otherwise\ W_{ij} = 0$

3.3.3　目标函数构建

高斯混合模型可以看作不同高斯组件的线性叠加,并且每个高斯组件都服从于高斯分布,为了度量两个高斯分布之间的相似性,这里采用 Kullback-Leibler 散度。假设表示 $P_i(c)$ 和 $P_j(c)$ 两个高斯分布,那么这两个分布之间的 Kullback-Leibler 散度可以定义如下:

$$D(P_i(c) \parallel P_j(c)) = \sum_c P_i(c) \log \frac{P_i(c)}{P_j(c)} \tag{3.1}$$

但是式(3.1)是不对称的,为了获得一个对称的公式,通常利用式(3.2)中的变换来度量两个分布 $P_i(c)$ 和 $P_j(c)$ 间的相似性。

$$D_{ij} = \frac{1}{2}(D(P_i(c) \parallel P_j(c)) + D(P_j(c) \parallel P_i(c)))$$

$$= \frac{1}{2}\left(\sum_c P_i(c)\log\frac{P_i(c)}{P_j(c)} + \sum_c P_j(c)\log\frac{P_j(c)}{P_i(c)}\right) \tag{3.2}$$

定义 $P_i(c) = P(c \mid x_i)$，再考虑 3.4.2 小节构建的权重矩阵 W_{ij}，可以用式(3.3)来度量条件概率 $P(c \mid x)$ 的平滑性。

$$R = \sum_{i,j=1}^{m} D_{ij}W_{ij}$$

$$= \frac{1}{2}\sum_{i,j=1}^{m}\left(\sum_c P_i(c)\log\frac{P_i(c)}{P_j(c)} + \sum_c P_j(c)\log\frac{P_j(c)}{P_i(c)}\right)W_{ij} \tag{3.3}$$

将式(3.3)得到的平滑部分和高斯混合模型的似然估计进行线性组合,得到新的高斯混合模型的目标函数如式(3.4)所示。

$$\ell_{\text{new}} = \ell - \lambda R$$

$$= \sum_{i=1}^{m}\sum_{l=1}^{k} P(c_l \mid x_i)(\log p(x_i \mid c_l; \mu, \Sigma) + \log \Phi_l) -$$

$$\frac{\lambda}{2}\sum_{i,j=1}^{m}\left(\sum_c P_i(c)\log\frac{P_i(c)}{P_j(c)} + \sum_c P_j(c)\log\frac{P_j(c)}{P_i(c)}\right)W_{ij} \tag{3.4}$$

在式(3.4)中,目标函数由两个部分组成,公式的前一部分是标准的高斯混合模型,第二部分利用 Kullback-Leibler 散度度量的实例间的相似度,而 λ 则是两部分线性组合的权重系数。从式(3.4)中的目标函数可看出,该算法不仅考虑了数据的正态分布信息,也考虑了数据间的几何结构信息,其分别由式(3.4)中的高斯混合模型和马氏距离相似性矩阵来度量。

同标准的 EM 聚类算法一样,对式(3.4)中的目标函数最大值的求解也是采用了期望最大化算法,由于该式的求导结果不是一个封闭解(closed form)。在下一小节 3.4.4 中,现给出详细的对数似然函数的求解过程。

3.3.4 目标函数优化与求解

期望最大化(EM)算法是在概率模型中寻找参数最大似然估计或者最大后验估计,特别是在数据缺失或数据不完整的情况下。在高斯混合模型中,缺失数据就是数据聚类的标签,利用 EM 算法对其进行求解是两个步骤交替进行。

第一步是计算期望(E-Step),利用对隐藏变量的现有估计值,计算其最大似然估计值;第二步是期望最大化(M-Step),根据 E 步求得的最大似然值来重新计算各参数的值。M 步上求得的参数估计值被用于下一个 E 步计算中,这个过程不断交替进行。

(1)**计算期望**(E-Step)

SSCGD 算法的第一步就是计算隐藏变量 $P(c_i=j\,|\,x_i)$ 的后验概率,其表达式中包括了 3 个参数 Φ,μ 和 Σ。利用贝叶斯公式计算其后验概率得:

$$P(c_i=j\,|\,x_i)=\frac{p(x_i\,|\,c_i=j;\mu,\Sigma)p(c_i=j;\Phi)}{\sum_{l=1}^{k}p(x_i\,|\,c_i=l;\mu,\Sigma)p(c_i=l;\Phi)} \tag{3.5}$$

在公式中,$p(x_i\,|\,c_i=j;\mu,\Sigma)$ 的值是利用高斯密度函数计算得来,而 $p(c_i=j;\Phi)$ 表示数据实例中类别 $c_i=j$ 所占比率,记为 Φ_j。

(2)**期望最大化**(M-Step)

在第二步(M-Step)中,需要求解函数表达式的最大似然估计。由于表达式的求导结果不是一个封闭解(closed form),需要利用期望最大化算法对其进行优化。M 步求解的最终目标就是求解最大似然估计函数中各参数的值。

根据 3.4.3 小节求得的目标函数公式(3.4),为了计算方便,现将目标函数 ℓ_{new} 分解为两个部分 ℓ_1 和 ℓ_2。

假定 $\ell_{new} = \ell_1 - \ell_2$，则有：

$$\ell_1 = \sum_{i=1}^{m} \sum_{l=1}^{k} P(c_l \mid x_i)(\log p(x_i \mid c_l; \mu, \Sigma) + \log \Phi_l) \qquad (3.6)$$

$$\ell_2 = \frac{\lambda}{2} \sum_{i,j=1}^{m} (D(P_i(c) \parallel P_j(c)) + D(P_j(c) \parallel P_i(c))) W_{ij}$$

$$= \frac{\lambda}{2} \sum_{i,j=1}^{m} \left(\sum_c P_i(c) \log \frac{P_i(c)}{P_j(c)} + \sum_c P_j(c) \log \frac{P_j(c)}{P_i(c)} \right) W_{ij} \qquad (3.7)$$

根据式(3.6)和式(3.7)，可以发现 ℓ_1 与标准高斯混合模型对数似然估计的表示式完全相同；ℓ_2 是利用距离度量学习得到的规则，其仅仅包括 $P_i(c)$，而 $P_i(c) \sim N(\mu_i, \Sigma_i)$。因此在 M 步中重新估计得到的 Φ_i 值与标准高斯混合模型中的参数值是完全相同的。

$$\Phi_k = \frac{1}{m} \sum_{i=1}^{m} p(c_k \mid x_i) \qquad (3.8)$$

下一步的任务就是重新估计其他两个参数：均值 μ_k 和协方差 Σ_k。

$$D(P_i(c) \parallel P_j(c)) = \sum_c P_i(c) \log \frac{P_i(c)}{P_j(c)}$$

$$= \sum_{l=1}^{k} P_i(c_l) \log \frac{P_i(c_l)}{P_j(c_l)}$$

$$= \sum_{l=1}^{k} P(c_l \mid x_i) \log \frac{P(c_l \mid x_i)}{P(c_l \mid x_j)}$$

$$= \sum_{l=1}^{k} P(c_l \mid x_i) \log \left(\frac{P(x_i \mid c_i = k; \mu_l, \Sigma_l) \Phi_k}{\sum_{l=1}^{k} P(x_i \mid c_i = l; \mu_l, \Sigma_l) \Phi_l} \cdot \right.$$

$$\left. \frac{\sum_{l=1}^{k} P(x_j \mid c_j = l; \mu_l, \Sigma_l) \Phi_l}{P(x_i \mid c_j = k; \mu_l, \Sigma_l) \Phi_k} \right)$$

$$= \sum_{l=1}^{k} P(c_l \mid x_i) \log \frac{N(x_i \mid \mu_l, \Sigma_l)}{N(x_j \mid \mu_l, \Sigma_l)} \cdot$$

$$\frac{\sum_{l=1}^{k} N(x_j \mid \mu_l, \Sigma_l) \Phi_l}{\sum_{l=1}^{k} N(x_i \mid \mu_l, \Sigma_l) \Phi_l}$$

$$= \sum_{l=1}^{k} P(c_l \mid x_i) \left\{ \left[\frac{1}{2}(x_j - \mu_l)^T \Sigma_k^{-1}(x_j - \mu_l) - \right. \right.$$

$$\frac{1}{2}(x_i - \mu_l)^T \Sigma_k^{-1}(x_i - \mu_l) \right] +$$

$$\left. \log \frac{\sum_{l=1}^{k} N(x_j \mid \mu_l, \Sigma_l) \Phi_l}{\sum_{l=1}^{k} N(x_i \mid \mu_l, \Sigma_l) \Phi_l} \right\}$$

$$= \sum_{l=1}^{k} P(c_l \mid x_i) \left\{ \left[\frac{1}{2}(x_j - \mu_l)^T \Sigma_l^{-1}(x_j - \mu_l) - \right. \right.$$

$$\frac{1}{2}(x_i - \mu_l)^T \Sigma_l^{-1}(x_i - \mu_l) \right] + O(x_i \parallel x_j) \right\}$$

其中, $O(x_i \parallel x_j) = \log \dfrac{\sum_{l=1}^{k} N(x_j \mid \mu_l, \Sigma_l) \Phi_l}{\sum_{l=1}^{k} N(x_i \mid \mu_l, \Sigma_l) \Phi_l}$

由于 $O(x_i \parallel x_j) + O(x_j \parallel x_i) = 0$, 故

$$\ell_1 = \sum_{i=1}^{m} \sum_{l=1}^{k} P(c_l \mid x_i) (\log p(x_i \mid c_l; \mu, \Sigma) + \log \Phi_l)$$

$$= \sum_{i=1}^{m} \sum_{l=1}^{k} P(c_l \mid x_i) \left[\log \frac{1}{(2\pi)^{\frac{m}{2}} \left| \Sigma \right|^{\frac{1}{2}}} - \right.$$

$$\frac{1}{2}(x_i - \mu_l)^T \Sigma_l^{-1}(x_i - \mu_l) + \log \Phi_l \right]$$

$$\ell_2 = \frac{\lambda}{2} \sum_{i,j=1}^{m} (D(P_i(c) \parallel P_j(c)) + D(P_j(c) \parallel P_i(c))) W_{ij}$$

$$= \frac{\lambda}{2} \sum_{i,j=1}^{m} \left\{ \sum_{l=1}^{k} \left[\frac{1}{2}(x_j - \mu_l)^T \Sigma_l^{-1}(x_j - \mu_l) - \right. \right.$$

$$\frac{1}{2}(x_i - \mu_l)^{\mathrm{T}} \Sigma_l^{-1}(x_i - \mu_l)\Big] \cdot$$

$$(P(c_l \mid x_i) - P(c_l \mid x_j)) \Big\} W_{ij}$$

下一步的目标是通过对参数进行优化,获得目标函数的局部最大值,可以将 ℓ_{new} 看作拉格朗日函数,参数 λ 是拉格朗日乘子。通过拉格朗日函数对各个变量进行求导,得到 $\frac{\partial \ell_{\text{new}}}{\partial \mu_k}$ 和 $\frac{\partial \ell_{\text{new}}}{\partial \Sigma_k^{-1}}$,并令其等于零,可求得候选值集合。

根据式(3.4)中的 ℓ_{new},对 μ_k 求偏导数得:

$$\frac{\partial \ell_{\text{new}}}{\partial \mu_k} = \frac{\partial \ell_1}{\partial \mu_k} - \frac{\partial \ell_2}{\partial \mu_k}$$

$$= \sum_{i=1}^{m} (x_i - \mu_k) \Sigma_k^{-1} P(c_k \mid x_i) -$$

$$\frac{\lambda}{2} \sum_{i,j=1}^{m} \Big\{ (x_i - x_j) \Sigma_k^{-1}(P(c_k \mid x_i) - P(c_k \mid x_j)) \Big\} W_{ij}$$

令 $\frac{\partial \ell_{\text{new}}}{\partial \mu_k} = 0$,可得:

$$\mu_k = x_i - \frac{\lambda \sum_{i,j=1}^{m} \{ (x_i - x_j)(P(c_k \mid x_i) - P(c_k \mid x_j)) \} W_{ij}}{2 \sum_{i=1}^{m} P(c_k \mid x_i)} \tag{3.9}$$

根据式(3.4)中的 ℓ_{new},假定 $\varphi_{i,k} = (x_i - \mu_k)^{\mathrm{T}}(x_i - \mu_k)$,对 Σ_k^{-1} 求偏导数得:

$$\frac{\partial \ell_1}{\partial \Sigma_k^{-1}} = \sum_{i=1}^{m} P(c_k \mid x_i) \Big[\frac{1}{2} \Sigma_k - \frac{1}{2} (x_i - \mu_k)^{\mathrm{T}}(x_i - \mu_k) \Big]$$

$$= \frac{1}{2} \sum_{i=1}^{m} P(c_k \mid x_i)(\Sigma_k - \varphi_{i,k})$$

$$\frac{\partial \ell_2}{\partial \Sigma_k^{-1}} = \frac{\lambda}{2} \sum_{i,j=1}^{m} \left\{ \left[\frac{1}{2} (x_j - \mu_k)^{\mathrm{T}} (x_j - \mu_k) - \frac{1}{2} (x_i - \mu_k)^{\mathrm{T}} (x_i - \mu_k) \right] \cdot \right.$$

$$\left. \left[P(c_k | x_i) - P(c_k | x_j) \right] \right\} W_{ij}$$

$$= \frac{\lambda}{4} \sum_{i,j=1}^{m} (\varphi_{j,k} - \varphi_{i,k}) (P(c_k | x_i) - P(c_k | x_j)) W_{ij}$$

令 $\dfrac{\partial \ell_{new}}{\partial \Sigma_k^{-1}} = \dfrac{\partial \ell_1}{\partial \Sigma_k^{-1}} - \dfrac{\partial \ell_2}{\partial \Sigma_k^{-1}} = 0$，得到对 Σ_k 的估计，

$$\Sigma_k = \sum_{i=1}^{m} \varphi_{i,k} + \frac{\lambda \sum_{i,j=1}^{m} \left\{ \left[\varphi_{j,k} - \varphi_{i,k} \right] (P(c_k | x_i) - P(c_k | x_j)) \right\} W_{ij}}{2 \sum_{i=1}^{m} P(c_k | x_i)}$$

$$(3.10)$$

根据式(3.8)、式(3.9)、式(3.10)的计算结果,可以获得对目标函数中参数 Φ_k,μ_k 和 Σ_k 的估计值。将其作为聚类参数的初始值,就可利用表 3.2 中的 EM 聚类算法进行聚类分析。

3.4　实验结果与分析

3.4.1　实验数据准备

基于用户协同过滤的个性化推荐系统,是根据与目标用户兴趣相似用户的兴趣偏好产生推荐的,因此寻找与目标用户兴趣相似的用户集合是系统最核心的步骤。本章的推荐策略是利用半监督聚类分析的方法寻找与目标用户兴趣相似的用户集合,进而基于相似用户进行推荐,因此聚类准确性直接影响着系统的推荐质量。本节的实验目的主要有两个:利

用 UCI 数据集和真实的中文词义归纳数据集评测聚类算法的准确性,利用 MovieLens 数据集对算法的推荐质量进行评估。

(1)UCI **数据集**

为评估 SSCGD 算法的准确率,这里选用的实验数据来自 UCI 数据集[136]。UCI 数据库是加州大学欧文分校(University of California Irvine)收集的用于机器学习的数据库,到目前为止这个数据库共有 264 个数据集,其数目还在不断增加,UCI 数据集是一个常用的标准测试数据集。在本实验中,选择了其中的 7 个数据集作为本章实验的数据集,这些数据集的详细信息见表 3.3。

表 3.3 UCI **数据集的信息**

data set	attribute	size	class
diabetes	8	768	2
glass	9	214	7
ionosphere	34	351	2
iris	4	150	3
segment	19	2 310	7
vehicle	17	846	4
waveform-5000	40	5 000	3

这些 UCI 数据都是用于机器学习中的分类任务,因此每一条数据实例中都有分类的类别标签(label)。在做聚类实验时,可将这些分类标签从原始数据集中移除,并且将其作为评价聚类效果的标准答案。在实验中,也保留小部分数据的标签信息(5%~20%),将其作为监督信息指导聚类的过程,并指导参数的选择。

(2)**中文词义归纳数据集**

为评估 SSCGD 算法的准确率,本书还利用了真实的自然语言处理任务中词义归纳的数据集。该数据是由中科院软件研究所基础软件国家工程研究中心信息检索实验室提供,中文词义归纳语料包括 50 个目标词,2 500 个句子以及人工标注的答案。对于词义归纳系统的评测,我们将具有相同词义标签的 gold standard 作为一个类,然后将输出结果中具有最大权重的相同词义标签的样本作为一个类进行比较计算其 *F-Score*。

(3) MovieLens **数据集**

为评估 SSCGD 算法在推荐系统中的实验效果,这里选用了来自 Minnesota 大学 GroupLens Research 项目组收集的 MovieLens 数据集[137]。该数据集有 3 个不同的版本,内容如下所述。

第一个版本的数据集(ml-100k)包括了 943 个用户对 1 682 部电影的 100 000 个评分记录,其中每个用户至少对 20 部电影进行评分。文件 ml-100k 包括 20 个数据文件,其中重要的有 6 个文件:u.data 记录用户对电影的评分等级,u.info 记录用户对物品评价的条数,u.item 记录电影的详细信息,u.genre 是体裁列表,u.user 记录用户的人口统计学特征,u.occupation 是职业清单。ml-100k 数据集的详细描述见表 3.4。

表 3.4　ml-100k 数据集的描述

文件名	描　　述
u.data	用户 ID,物品 ID,评级,时间戳
u.info	用户,物品,评分记录的条数
u.item	电影的信息,包括:影片 ID,电影标题,发布日期,视频日期,IMDB 链接,未知,动作,冒险,动画,儿童,喜剧,犯罪,纪录片,戏剧,魔幻,黑色,恐怖,音乐,推理,爱情,科幻,惊悚,战争,西方。其中后 19 个是电影的体裁,1 表示是,0 表示否
u.genre	体裁的列表

续表

文件名	描　述
u.user	人口统计学特征,包括:用户名,年龄,性别,职业,邮编
u.occupation	职业清单

　　第二个版本的数据集(ml-1M)包括了 6 040 个用户对 3 900 部电影的 1 000 209 个评分记录。文件 ml-1M 包括了 3 个文件:movies.dat 记录了电影的信息,user.dat 记录用户的人口统计学特征,ratings.dat 记录用户对电影的评分。ml-1M 数据集的详细描述见表 3.5。

表 3.5　ml-1M 数据集的描述

文件名	描　述
user.dat	用户 ID,性别,年龄,职业,邮政编码 职业列表:0 表示"其他",1 表示"教育家",2 表示"艺术家",3 表示"管理员,办事员",4 表示"大学生/研究生",5 表示"客服",6 表示"医生/医护",7 表示"行政管理人员",8 表示"农民",9 表示"家庭主妇",10 表示"12 岁以下的学生",11 表示"律师",12 表示"程序员",13 表示"退休人员",14 表示"销售人员",15 表示"科学家",16 表示"个体户",17 表示"技术人员/工程师",18 表示"工匠",19 表示"无业",20 表示"作家"
movie.dat	电影 ID,电影名,电影体裁 电影体裁包括:动作,冒险,动画,儿童,喜剧,犯罪,纪录片,戏剧,魔幻,黑色,恐怖,音乐,推理,爱情,科幻,惊悚,战争,西方
Ratings.dat	用户 ID,电影 ID,评级,时间戳

　　第三个版本的数据集(ml-10M)包括了 71 567 个用户对 10 681 部电影的 10 000 054 个评分记录。文件 ml-10M 包括了 3 个文件:movies.dat 记录了电影的信息,tags.dat 记录用户对电影的评价信息(这些评价通过用一个

标签描述,这个标签通常是一个词或短语,标签的内容是由用户决定),
ratings.dat 记录用户对电影的评分。ml-10M 数据集的详细描述见表 3.6。

表 3.6　ml-10M 数据集的描述

文件名	描　述
movies.dat	电影 ID,电影名,电影体裁 电影体裁包括:动作,冒险,动画,儿童,喜剧,犯罪,纪录片,戏剧,魔幻,黑色,恐怖,音乐,推理,爱情,科幻,惊悚,战争,西方
Ratings.dat	用户 ID,电影 ID,评级,时间戳
tags.dat	用户 ID,电影 ID,电影评价标签,时间戳 评价标签通常是一个词或短语,表示用户对电影特定含义的评价

在本节的实验中,我们选择了第二个版本的 MovieLens 数据集(ml-1M)进行实验。传统的基于用户协同过滤的推荐方法,在计算用户兴趣相似度时主要利用用户对电影评分记录的用户行为数据;而基于聚类分析的方法在计算用户兴趣相似度时,还可以利用用户的人口统计学特征以及一些电影的信息,这些信息都在第二个版本的 MovieLens 数据集中有详细的体现。本章着重研究个性化推荐中的 TopN 推荐问题,主要是预测用户是否对某部电影感兴趣,而不预测其具体评分。

3.4.2　实验评估方法

在基于用户的协同过滤推荐算法中,寻找与目标用户兴趣相似的用户是整个推荐系统的核心,它直接关系到系统最终的推荐质量。本章是利用半监督聚类算法来寻找与目标用户兴趣相似的用户,因此特意设计了一个实验来评估半监督聚类算法的性能。在评估聚类算法时采用了

F-Score 的方法,它包括信息检索领域中的准确率和召回率[138]。

定义 L_r 是标准答案中的一个类,其数目为 n_r;S_i 是聚类算法产生的一个类,其数目为 n_i,假设类 S_i 中有 n_r^i 个样本属于标准答案中的类 L_r,那么则有:

准确率:$P(L_r,S_i) = \dfrac{n_r^i}{n_i}$;

召回率:$R(L_r,S_i) = \dfrac{n_r^i}{n_r}$;

则聚类算法的 F-Score 可以定义为:

$$F(L_r,S_i) = \frac{2*R(L_r,S_i)*P(L_r,S_i)}{R(L_r,S_i)+P(L_r,S_i)}$$

对于一个给定的类 L_r 有,$F\text{-}Score(L_r) = \max_{S_i} F(L_r,S_i)$。

聚类算法的整体 F-Score 可以表示为 $F\text{-}Score = \sum_{r=1}^{c} \frac{n_r}{n} F\text{-}Score(L_r)$,其中 c 是总的聚类簇数,n_r 是类 L_r 中样本的数目,n 是总的样本数目。

对于推荐系统中的 TopN 评测,假定用户 u 推荐 N 个物品记为 $R(u)$,用户在测试集上的行为列表记为 $T(u)$。推荐的准确率和召回率定义为:

$$Precision = \frac{\sum_{u \in U} |R(u) \cap T(u)|}{\sum_{u \in U} |R(u)|}$$

$$Recall = \frac{\sum_{u \in U} |R(u) \cap T(u)|}{\sum_{u \in U} |T(u)|}$$

$$F\text{-}Score = \frac{2*Precision*Recall}{Pricision+Recall}$$

3.4.3　聚类准确率实验

在本章设计的 SSCGD 算法中,有一个很重要的参数 λ,其表示距离度量在目标函数中的权重,也是描述模型平滑性的一个重要参数。当 $\lambda = 0$ 时,该半监督聚类算法就变成了标准的 EM 聚类算法。为了比较模型参数,本节在 waveform-5000 数据集上进行实验,分别设置有标签数据的比例为 5%、10%、15%、20%。实验得到 SSCGD 算法的聚类成绩如图 3.3 所示,从图中的实验数据可看出,当 $\lambda = 0.2$ 时,算法获得了较好的成绩。

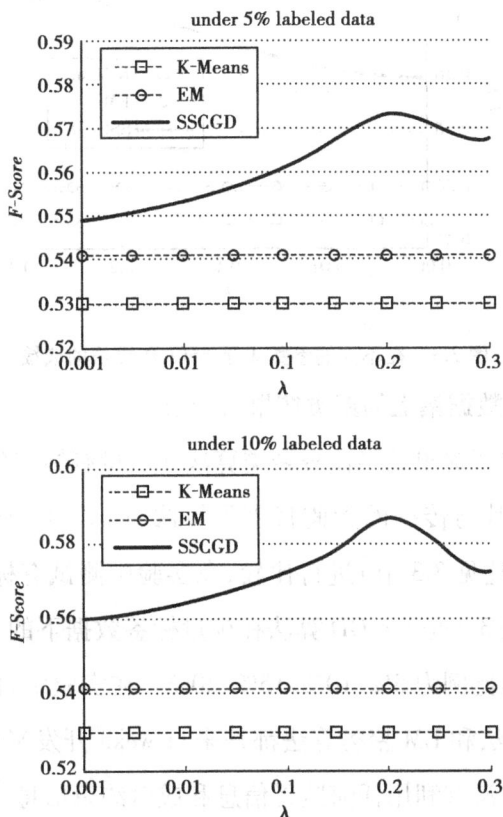

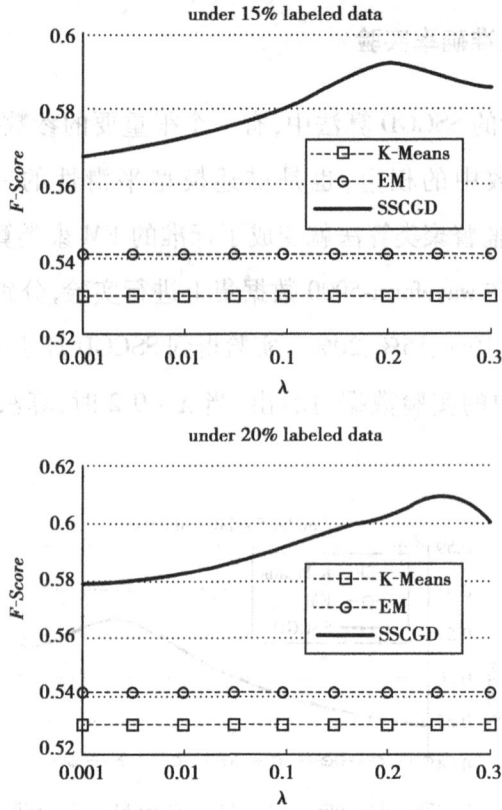

图 3.3　在不同的参数 λ 下 SSCGD 算法的成绩

(1)在 UCI 数据集上的聚类结果与分析

为了评测本章提出的半监督聚类算法在少量有标签数据指导下的成绩提升,我们将其与传统的无监督聚类算法,如 K-Means、EM 聚类算法(算法的详细描述见 3.3 节)进行比较,在实验中测试有标签数据对聚类结果的影响。表 3.7 是 SSCGD 算法在少量标签数据下的 *F-Score*,分别设置有标签数据的比例为 5%、10%、15%、20%。在实验中,作为 baseline 的 K-Means 聚类算法和 EM 聚类算法都是来自 weka 开发平台,这两个算法在聚类的过程中没有利用任何监督信息和成对约束信息。

表 3.7　在 UCI 数据集下的 *F-Score*

data set	K-Means	EM	SSCGD algorithm (under different labeled ratio)			
			5%	10%	15%	20%
diabetes	66.56	66.74	77.31	77.54	79.45	78.59
glass	50.04	49.61	55.17	55.49	59.59	63.36
ionosphere	71.77	75.38	76.57	82.29	89.58	90.85
iris	88.53	90.48	91.67	91.85	92.32	92.97
segment	65.55	62.90	85.32	88.21	88.39	89.66
vehicle	42.56	42.37	51.31	56.90	66.75	69.67
waveform-5000	52.95	54.09	84.23	84.71	85.51	86.33
Average Value	66.57	63.08	74.51	76.71	80.23	81.63

从表 3.7 中的实验数据可看出,本章提出的 SSCGD 算法在少量标签数据的指导下能有效地改进聚类模型的效果。从所有数据的平均成绩来看,在 5% 的标签数据指导下,SSCGD 算法相比 K-Means 算法和 EM 聚类算法提高了 7.94% 和 11.63%。并且随着标签数据比例的增大,算法的性能提高更多。甚至在所有的 UCI 数据集中,SSCGD 算法在性能指标上都有不同程度的提高。具体如:对于 diabetes 数据集,在 5% 的标签数据的指导下,SSCGD 算法相比 K-Means 算法和 EM 聚类算法提升了 10.75% 和 10.57%;在 15% 的标签数据的指导下,SSCGD 算法获得了最好的聚类成绩 79.54%。对于 glass 数据集,在 5% 的标签数据的指导下,SSCGD 算法相比 K-Means 算法和 EM 聚类算法提升了 5.13% 和 5.56%;并且随着标签数据的增长,算法的聚类成绩也都有不同程度的增长。特别是对于 waveform-5000 数据集合,在 5% 的标签数据的指导下,SSCGD 算法相比 K-Means 算法和 EM 聚类算法有了 31.28% 和 30.14% 的提升。从以上的

数据分析可以得出,在少量标签数据的指导下,本章所提出的半监督聚类算法能有效地改进无监督聚类的成绩。

为更进一步评估本章提出的 SSCGD 算法的聚类性能,本节也提供了一些经典的半监督聚类算法作为 baseline 进行比较实验。这些算法如下所述。

①PCK-均值聚类(PCK-Means clustering),它利用标签数据作为播种的初始聚类约束,引导聚类过程遵循初始约束而不做任何度量学习,聚类初始化过程主要包括优化聚类数目和初始化 k 个聚类中心。

②传播-EM 聚类(Seeding-EM clustering),它是应用到已被规范化的数据集中的标准 EM 聚类算法。在这个算法中,标签数据被用于初始化 3 个参数,并且在寻找一个潜在分布的最大似然估计参数过程也起一些约束作用。

③传导式支持向量机算法(T-SVM algorithm),这是对标准支持向量机算法的扩展。在该算法中,标签数据的作用就是引导线性边界远离密集区域。实验中利用了 svmlight 算法,这主要是 Martin Theobald 的工作[139]。

从图 3.4 的聚类实验结果可看出,相比其他 3 种半监督学习算法,本章提出的 SSCGD 算法几乎在所有的数据集上都取得了较好的成绩。特别是在 diabetes 和 iris 数据集上,相比其他 3 种半监督聚类算法 SSCGD 算法取得了更大的准确率提升。图 3.4 中的数据表明,在 5% 的有标签数据下,在 diabetes、iris、segment、waveform-5000 4 个数据集上,SSCGD 算法的成绩明显地比其他 3 种算法好。随着有标签数据比例的增长,SSCGD 算法对聚类成绩的改进变得相对越来越小。特别是利用 segment 数据进行实验时,在 20% 的有标签数据指导下,T-SVM 算法反而比 SSCGD 算法取得了更好的成绩。总体来说,在少量有标签数据的指导下,本章提出的

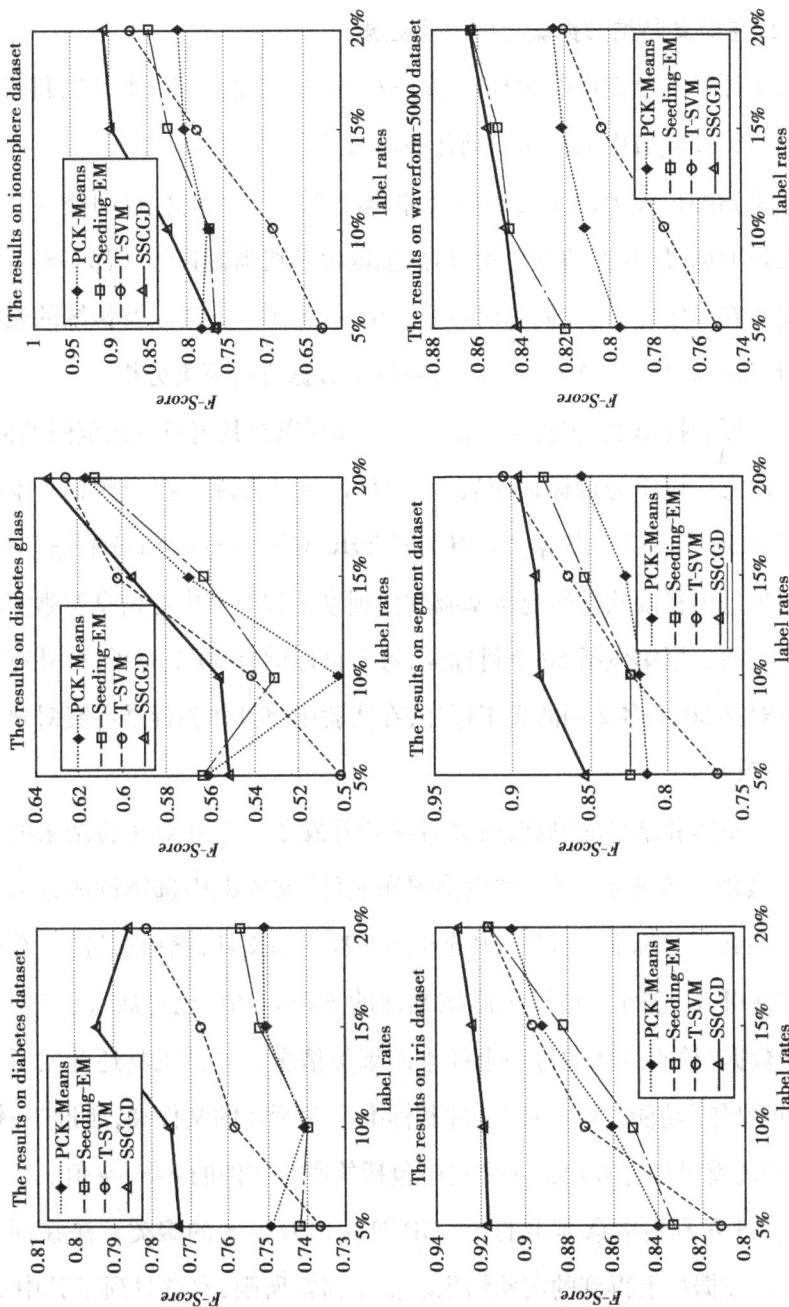

图3.4　4个半监督聚类算法在UCI数据集上的成绩

SSCGD 算法对聚类结果的改进是积极有效的。

(2)在词义归纳数据集上的聚类效果

为了评估本章提出的 SSCGD 算法对聚类效果的改进,本节也利用了自然语言处理领域中的词义归纳任务对该算法进行评测。

词义归纳也称为词义聚类,它是根据词的上下文信息自动获取文本中多义词的词义,其在信息检索、信息抽取以及机器翻译领域都有着重要的应用。在本实验中,我们利用本章提出的 SSCGD 算法以及传统的聚类算法(K-Means 算法、EM 聚类算法)对特征数据进行聚类分析。

在特征的提出上,实验主要提取了目标词以及其窗口一定范围的词,将窗口的大小设定为目标词前后 5 个窗口,并且去除一些低频词。本次实验是在 50 个多义词数据集(SIGHAN2010-WSI-SampleData)上进行的,该数据集是中科院软件研究所基础软件国家工程研究中心信息检索实验室提供。该数据集包括 50 个目标词,每个目标词有 50 个句子,另外有相应的针对这 50 个多义词的人工标注,在实验中将其作为标准答案对聚类结果进行评估。

为方便实验结果的测试,研究者特意开发了一个针对实验结果的测试工具,如图 3.5 所示。在"加载待评测文件"文本框中选择待测试的文件,在"加载参考标准文件"框中选择标准答案的文件,然后通过"计算待评测文件得分"就可以计算出测试文件的 *F-Score* 值,也可通过"查看参考标准数据"检查具体的每一个样本的聚类情况。测试工具还开发了一个"一键操作"功能,选择测试文件和标准答案所在的文件夹,通过"一键操作"功能就可以计算出该文件夹中包括的所有文件的 *F-Score* 值。

表 3.8 是利用本章提出的 SSCGD 算法以及传统的聚类算法在词义归纳实验数据集上得到的实验结果。由于篇幅所限,本章只列了其中 20 个多义词的聚类结果。

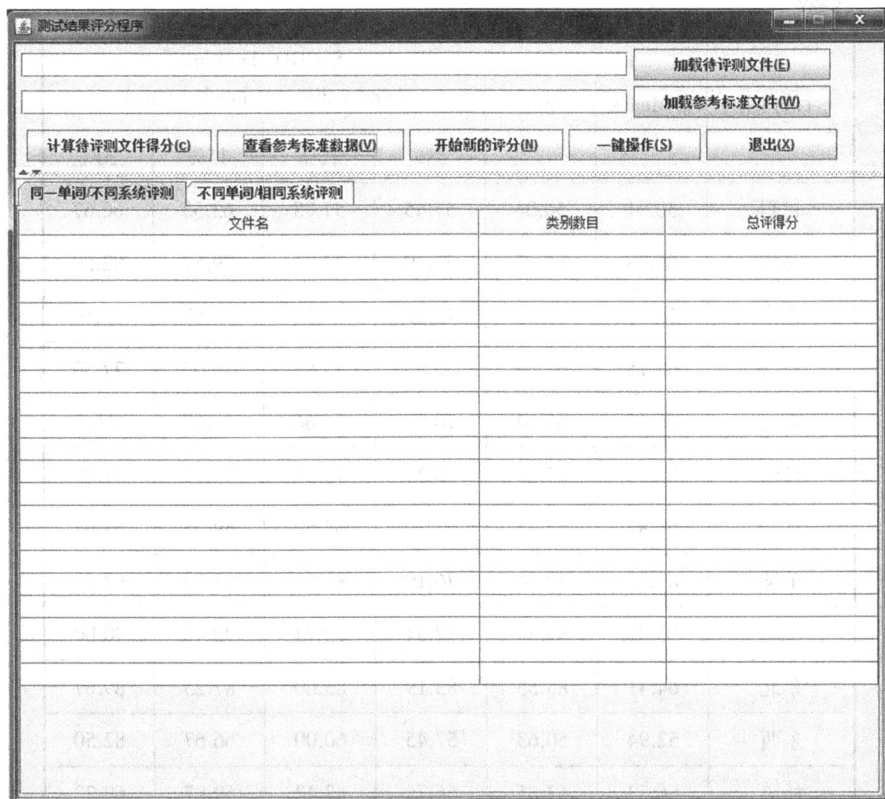

图 3.5　聚类算法的评测工具

表 3.8　在词义归纳数据集下的 *F-Score*/%

目标词	K-Means	EM	SSCGD algorithm（under different labeled ratio）			
			5%	10%	15%	20%
暗淡	65.28	62.69	72.50	73.11	75.48	76.74
保安	74.77	67.63	85.11	91.62	93.05	94.39
报销	67.52	70.56	80.21	82.50	83.30	84.44
比重	69.07	69.07	77.50	79.74	85.00	90.48
病毒	65.75	63.77	76.67	78.89	83.11	83.50

续表

目标词	K-Means	EM	SSCGD algorithm (under different labeled ratio)			
			5%	10%	15%	20%
材料	50.91	50.04	57.45	57.78	63.53	66.67
参加	65.28	66.67	73.19	73.33	79.52	82.50
程序	65.75	66.67	72.22	74.29	74.50	77.50
冲洗	65.75	62.69	72.83	73.89	76.05	77.50
充电	66.67	63.24	70.00	74.66	76.67	77.5
打断	64.66	67.24	75.31	73.34	79.19	81.00
打开	64.82	52.31	67.70	68.50	69.05	66.67
单纯	63.53	79.74	76.19	83.58	87.74	97.50
导师	66.22	83.58	72.34	79.74	90.48	90.00
东北	64.41	85.55	83.19	85.00	87.23	89.67
东西	52.94	50.63	57.45	60.00	66.67	82.50
杜鹃	66.53	63.35	66.71	68.42	69.07	69.23
扼杀	89.67	89.67	84.44	87.74	90.47	87.50
发展	63.92	87.74	87.23	93.33	95.24	92.50
反射	63.32	66.71	64.29	65.00	73.19	77.78
平均成绩	65.84	68.48	73.63	76.22	79.93	82.28

从表 3.8 中的数据可以看出,通过利用少量有标签数据,SSCGD 算法能有效地提升聚类的准确率。纵观所有的目标词,SSCGD 算法的平均准确率较 Kmeans 算法和 EM 聚类算法提升了 7.79% 和 5.15%(在 5% 的有标签数据下);当有标签数据的比例增长到 20% 时,算法提升的准确率增加到 16.44% 和 13.80%。从单个词的角度进行分析,算法对聚类结果的

改进也是相当明显的。如对于"暗淡"这一目标词,利用传统的聚类算法(Kmeans 算法和 EM 聚类算法)实验时,其准确率分别为 65.28% 和 62.29%;而利用 SSCGD 算法进行聚类时,其准确率提升到了 72.50%(在 5% 的有标签数据指导下)。再如对于"单纯"一词,利用 Kmeans 算法和 EM 聚类算法进行聚类分析时,其准确率分别为 63.53% 和 79.74%,这显示了针对"单纯"这一多义词,EM 聚类算法远优于 Kmeans 算法;而对于"保安"一词,利用 Kmeans 算法和 EM 聚类算法进行聚类分析时,其准确率分别为 74.77% 和 67.63%,这显示了针对"保安"这一多义词,Kmeans 算法远优于 EM 聚类算法。事实上,像上述这种情况是相当普遍的,因此本章提出了基于距离度量与高斯混合模型的半监督聚类算法,在算法中综合考虑了数据的高斯分布信息与几何特征,实验结果显示,SSCGD 算法取得了较好且稳定的成绩。

3.4.4　推荐实验结果及分析

在上一节中,利用 UCI 数据集和词义归纳数据集分别评估了聚类算法的性能,实验表明本章提出的 SSCGD 算法利用少量监督信息能有效地改进算法的准确率。本节的实验目的是评估 SCCGD 算法在推荐系统实验中的最终效果。为了说明 SSCGD 算法在个性化推荐中的有效性,本节也设计了几组对比实验,分别利用余弦相似度、K-Means 算法、EM 聚类算法以及 SSCGD 算法寻找相似用户。实验是在 MovieLens 数据集上进行的,选用了第二个版本的 MovieLens 数据集。其包括了 6 040 个用户对 3 900 部电影的 1 000 209 个评分记录。该数据集包含了 3 个文件:movies.dat 记录了电影的信息,user.dat 记录用户的人口统计学特征,ratings.dat 记录用户对电影的评分。

本章提出利用半监督聚类的方法对用户兴趣进行聚类分析,根据聚类结果获取目标用户的相似用户集,从而替代传统的基于用户协同过滤推荐方法中的用户兴趣相似度计算,实验的设计方案如下所述。

(1)用户兴趣偏好特征提取

在基于聚类分析的个性化推荐策略中,用户兴趣偏好特征数据的准确提取至关重要,它直接关系到相似用户计算的精确性,并对最终的推荐结果起着决定作用。本节的实验在进行用户兴趣偏好特征提取时,不仅利用了用户对电影的评分信息(ratings.dat),同时也利用了用户的人口统计学特征(user.dat)以及电影的信息(movies.dat)。用户兴趣偏好特征提取方案如图3.6所示。

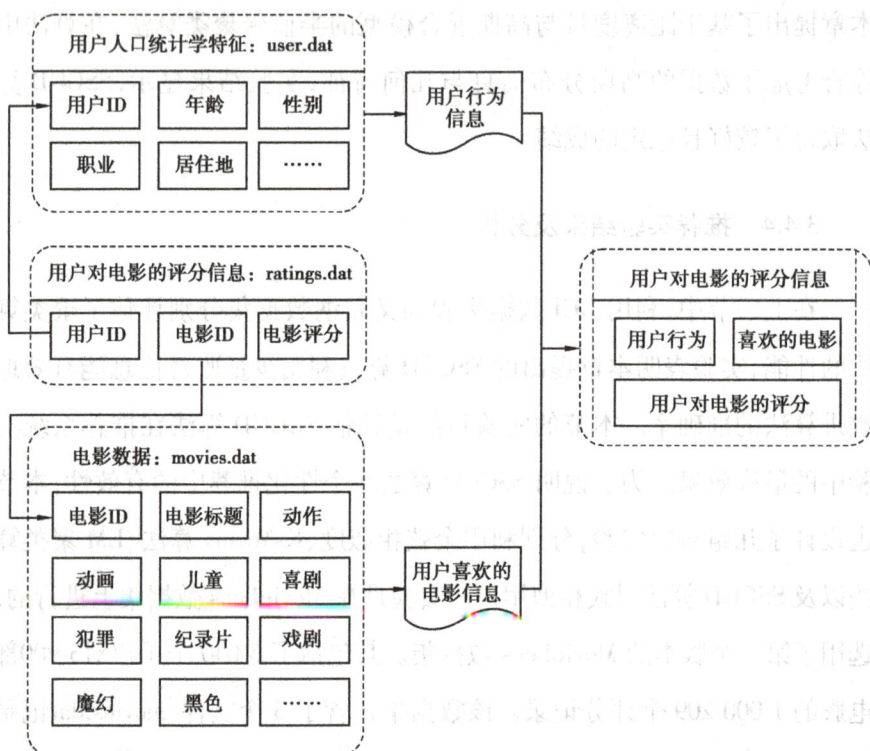

图 3.6 用户兴趣偏好特征提取方案

（2）**基于用户的协同过滤推荐算法**

基于用户的协同过滤推荐算法是推荐系统中最基本的算法,它是根据目标用户的相似用户的兴趣偏好实现推荐的。其最核心的步骤是相似度计算,这些相似度计算方法主要包括 Jaccard 系数、向量夹角、余弦皮尔逊相关系数等。

基于余弦相似度的用户协同过滤算法主要是通过计算用户行为的相似度来度量用户兴趣的相似度。具体到 MovieLens 数据集上的电影推荐,余弦相似度只利用了数据集中的 ratings.dat 数据,其记录了用户对电影的评分信息。给定用户 u 和用户 v,令 $N(u)$ 表示用户 u 喜欢的电影集合（评分为 4 或 5）,$N(v)$ 为用户 v 喜欢的电影集合（评分为 1 或 2）。那么,可以通过如下的余弦相似度公式计算用户 u 和用户 v 的兴趣相似度:

$$w_{uv} = \frac{|N(u) \cap N(v)|}{\sqrt{|N(u)||N(v)|}}$$

在得到用户间的兴趣相似度后,紧接着就是选取与目标用户最相似的 K 个用户,将他们喜欢的电影推荐给目标用户。用户 u 对物品 i 的感兴趣程度定义如下:

$$p(u,i) = \sum_{v \in S(u,K) \cap N(i)} w_{uv} r_{vi}$$

其中,$S(u,K)$ 包含了和用户 u 兴趣最相似的 K 个用户,$N(i)$ 是对电影 i 有过行为的用户集合,w_{uv} 是用户 u 和用户 v 的兴趣相似度,r_{vi} 是用户 v 对电影 i 的兴趣。

（3）**基于半监督聚类的推荐方法**

由于基于用户协同过滤的推荐方法存在用户兴趣相似度计算方式单一的问题,且算法的时间复杂度与用户数成平方关系（即 $O(|U| * |U|)$）,这将导致当用户数很大时,算法的时间开销巨大。事实上,很多

用户相互之间并没有对同样的物品产生过行为,即大多数时候 $|N(u) \cap N(v)| = 0$。基于此,本章从计算用户兴趣的相似度方法上进行改进,设计了一个半监督混合聚类算法,实现对用户偏好的聚类分析,帮助寻找目标用户的相似用户集合。该方法的时间复杂度是 $O(|U| * |k|)$,其中 $|U|$ 表示用户的数量,$|k|$ 为聚类算法的迭代次数。在一般情况下,聚类算法中的迭代次数远小于用户数量,即 $|k| \ll |U|$。特别是当用户数量很大时,采用半监督聚类方法大大降低了计算用户间相似度的时间开销。

基于半监督聚类算法的电影推荐流程如图 3.7 所示。

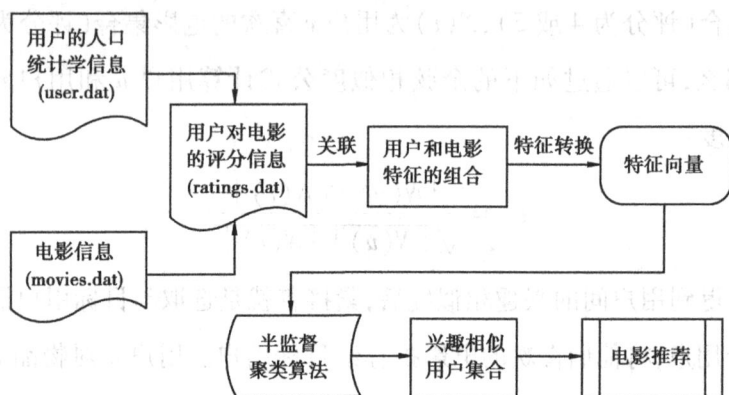

图 3.7　基于半监督聚类的电影推荐系统流程

在分析用户的人口统计学特征以及电影的信息时,发现一些用户的人口统计学特征非常相似,且用户喜欢的电影集合也有非常大的雷同,这时就可以认为这两个用户具有极大的相似性。在利用半监督聚类算法进行聚类分析时,可将这部分用户作为成对约束数据,对算法的聚类过程进行指导。

表 3.9 是在 MovieLens 离线数据集上,利用余弦相似度计算用户兴趣的相似度,从而得到基于用户协同过滤推荐的实验结果。在此实验中,有

一个重要的参数 K,即为每个目标用户选出 K 个兴趣相似的用户集合,然后将 K 个相似用户喜欢的电影集合作为最终的推荐列表。

表 3.9　基于用户的协同过滤算法在不同 K 参数下的实验结果

K 参数	准确率	召回率	*F-Score*
5	16.99%	8.21%	11.07%
10	20.59%	9.95%	13.42%
20	22.99%	11.11%	14.98%
40	24.50%	11.83%	15.96%
80	25.20%	12.27%	16.50%
100	24.90%	12.03%	16.22%

从表 3.9 中的数据可以看出,推荐系统中的准确率与召回率并不和参数 K 成线性关系。在 MovieLens 数据集中,当 $K=80$ 时,算法会获取较高的准确率与召回率。因此合适的参数 K 对推荐系统获得较高的精度有一定的影响。当然,推荐结果的精度对参数 K 的取值也不是特别敏感,相对而言,推荐算法的性能还是比较稳定的。

表 3.10 是在 MovieLens 离线数据集上,利用聚类分析方法进行电影推荐得到的实验结果。本实验用到的聚类算法有 K-Means 算法、EM 算法和 SSCGD 算法,在 SSCGD 算法中包含了一个成对约束数据比例的问题,实验中设置其值为 5%~20%。

表 3.10　基于聚类分析算法的电影推荐结果

聚类算法	约束数据比例	准确率	召回率	*F-Score*
K-Means 算法	0%	23.87%	11.33%	15.37%
EM 聚类算法	0%	24.76%	10.95%	15.18%

续表

聚类算法	约束数据比例	准确率	召回率	*F-Score*
SSCGD 算法	5%	24.37%	13.18%	17.11%
SSCGD 算法	10%	26.98%	14.76%	19.08%
SSCGD 算法	15%	28.92%	15.33%	20.04%
SSCGD 算法	20%	28.13%	15.45%	19.95%

　　对比表 3.9 和表 3.10 中的数据可以看出,基于传统的聚类分析算法的电影推荐方法取得了与基于用户协同过滤算法几乎相当的成绩。而利用本章提出的 SSCGD 算法则取得了较好的成绩。在成对约束数据的比例设定为 15% 时,算法获得了最高的准确率为 28.92%,以及最好的 *F-Score* 为 20.04%。总体来看,通过对比各种算法在 MovieLens 数据集上获得的离线实验结果,表明基于 SSCGD 算法的推荐策略是积极有效的。

　　分析传统的基于协同过滤的推荐算法与基于聚类的推荐算法,其最大的不同主要在于:传统的协同过滤算法在计算用户兴趣相似度时主要根据用户对电影的评分记录;而本章提出的基于聚类分析的推荐算法,在计算用户兴趣相似度时,不仅用到了用户行为信息(用户对电影的评分记录),还用到用户的人口统计学特征以及电影本身的信息,从直观上看,这些数据对计算用户兴趣的相似度有一定的作用。

本章小结

本章首先分析了传统的基于用户协同过滤算法在个性化推荐系统中存在的问题,提出了基于半监督聚类分析方法的推荐策略;然后分析了半监督聚类方法的相关研究,描述了两个经典的聚类算法,重点描述了本章提出的 SSCGD 算法及其推导过程;最后利用 UCI 数据集和词义归纳数据集评估了 SSCGD 算法的聚类准确性,也利用了推荐系统中的 Movielens 数据集评估了 SSCGD 算法在实际的个性化推荐中的推荐效果。

第4章
基于主动学习与协同训练的
半监督推荐方法

〜〜〜〜〜〜〜〜〜〜〜〜〜〜〜〜〜〜〜〜〜〜〜〜〜〜〜〜〜〜〜〜

    基于协同过滤的推荐系统主要是利用用户行为数据进行相似度计算,进而实现物品的推荐,然而实际系统中用户的历史行为信息是非常稀疏的,这将导致无法得到较好的推荐效果,或者产生的推荐结果集较小(即针对新用户推荐的冷启动问题)。基于内容的推荐方法是解决冷启动问题的一个重要途径,它是通过分析物品的文本信息进行推荐的。最常用方法就是信息过滤中 TF-IDF 算法,除传统的基于信息获取的推荐方法之外,一些实际系统中还采用了其他统计学习和机器学习技术,如KNN 模型、贝叶斯分类、决策树、人工神经网络等。

    基于机器学习技术的个性化推荐方法主要分为两种:基于内存的方法和基于模型的方法。基于内存的方法将每次预测需要的数据一次全装载到内存中,因此数据计算量大,且存在可扩展问题,其典型如 KNN 算法。基于模型的方法(如贝叶斯、决策树等分类模型)利用已知评分训练一个预测模型,然后利用预测模型获得评分,进而产生最终的推荐列表。

本章提出的基于主动学习与协同训练的个性化推荐方法就是一种基于模型分类的方法,它利用用户行为信息及物品内容信息建立模型,预测用户对物品的喜好,进而实现基于模型的个性化推荐。

基于分类模型的个性化推荐系统利用分类算法构造预测模型,预测用户对物品的喜好,进而实现对目标用户的物品推荐。然而在分析用户偏好信息构建分类器模型时,可以发现用户与物品的关联信息总是少量的(即用户标签信息较少),这对于发现用户潜在的兴趣偏好非常不利。本章提出了基于主动学习和协同训练的半监督推荐算法(Semi-Supervised Learning Combining Co-Training with Active Learning,SSLCA 算法),它利用主动学习的策略挖掘那些具有最大信息量的样本,并基于协同训练的策略训练分类器模型。

图 4.1 描述了利用主动学习方法及用户反馈信息改进个性化推荐中的分类器模型,其利用主动学习的思想抽取那些对分类模型最有利的样本,将这些样本提供给用户,收集用户的反馈信息,然后将用户的反馈信息作为样本的标签和相应的样本组合成有标签数据,加入原始的训练数

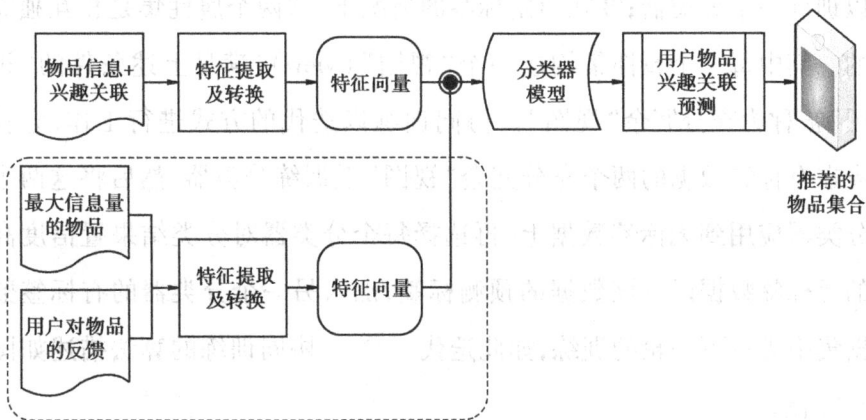

图 4.1　基于主动学习与用户反馈的分类模型的推荐方法

据中,重新训练得到新的分类器模型。如此迭代,从而不断改进个性化推荐系统的推荐质量。同时,本章在改进分类器模型的时候也加入了协同训练的策略。

4.1 协同训练与主动学习相关研究

4.1.1 协同训练算法

半监督学习在很多实际应用中是一种非常重要的学习策略,它可以自动挖掘无标签数据中的信息以提高学习模型的性能且不需要人工干涉[140,141]。1998 年 Blum 和 Mitchell 提出的协同训练算法就是一个很流行的半监督学习策略[85],它的适用范围是可以拆分为两个不同视图的二类分类问题。标准的协同训练算法要求满足 3 个基本条件[85]:①属性集可以被自然地划分为两个集合;②每个属性集的子集合都足以训练一个分类器;③在给定标签的情况下,这两个属性集是相互独立的。其中每一个属性集构成一个“视图”(view),满足上述条件的“视图”被称为充分冗余“视图”。协同训练以迭代的方式进行工作,它首先在有标签数据的两个充分冗余“视图”上训练分类器,然后将这两个分类器应用到无标签数据上,再选择每个分类器对分类结果置信度高的无标签数据以及该数据的预测标签,加入另一个分类器的有标签数据集中进行下一轮的训练,如此迭代[85,142]。协同训练的算法描述如图4.2 所示。

在很多协同训练算法中,有一个很显著的特征:应该选择分类结果置信度的数据以及它的预测标签加入训练数据中,因为高置信度通常

78

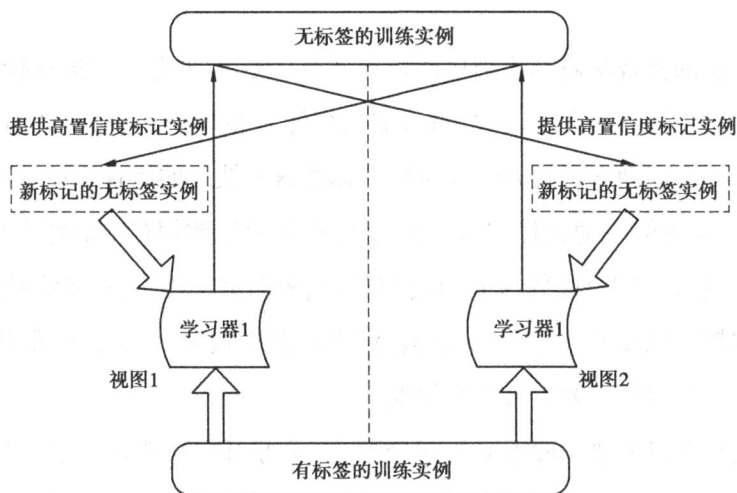

图 4.2　协同训练算法示意图

意味着其预测标签是正确的[85,143]，然而不幸的是这些高置信度的数据并不总是能改进学习模型的性能。Tang 等人[144]提出了一种新的利用协同训练方法更新分类器的策略，它通过在训练数据中加入一些靠近分类超平面的数据，以便分类器学到更好的区分原始数据的模型。Wang 等人[145]详细分析了协同训练过程，将其看作两个视图上结合的标签传播。Yu 等人[146]提出了利用贝叶斯无向图模型进行协同训练，它能完美地处理缺失视图的数据。Sun 等人[147]提出了基于知识的协同训练算法，针对潜在的类别分布不需要任何先验知识，通常这些先验知识在标准的协同训练算法中是相当重要的。Du 等人[148]的研究工作发现，在有标签训练数据集很小的情况下，协同训练需要很精确的标注，并且也不能确定标准的协同训练算法是否能在小规模有标签数据集下工作。

4.1.2 主动学习算法

传统的监督学习算法利用给定的有标签数据作为训练集进行训练,从中归纳出模型。在现实中,对数据的标注是枯燥乏力、耗时耗力的,因而人们提出主动学习的方法来解决有标签数据缺乏的问题。在主动学习中,学习器能够主动选择包含信息量大的无标签数据(对分类模型最有利的数据),将其交由领域专家进行标注,然后加入原始的训练数据集,从而在较小规模的训练集下获得较满意的分类模型,可大大降低构建高性能分类模型所需要的有标签数据。

主动学习方法一般可分为两个部分:学习引擎和选择引擎。学习引擎利用基分类器对外界提供的有标签数据进行学习;而选择引擎利用数据选择算法选择那些信息量大的样本交由领域专家进行标注,再将标注后的数据加入原始训练数据集中。学习引擎和选择引擎交替工作,经多次循环后,基分类器的性能得到提高。主动学习在降低样本复杂度以及减轻标注者的工作强度,提高学习器的性能等方面较传统的学习方法有较高的优势。

根据选择最大信息量样本的方式不同,可将主动学习算法分为3种类型:样本资格查询(Membership queries)、基于流(Stream-based)的样本选择策略、基于池(Pool-based)的样本选择策略,图4.3描述了这3种主要的主动学习策略。

(1)样本资格查询

主动学习器询问领域专家的样本由自己产生,构造出来的询问在原样本集中可能并不存在。其产生的所有样本属性值都是根据自己制订的方法产生,构造的原则是获得最有利改进学习器的询问。

(2)基于流的样本选择策略

基于流的样本选择策略是指每次获得一系列无标签数据后,学习器

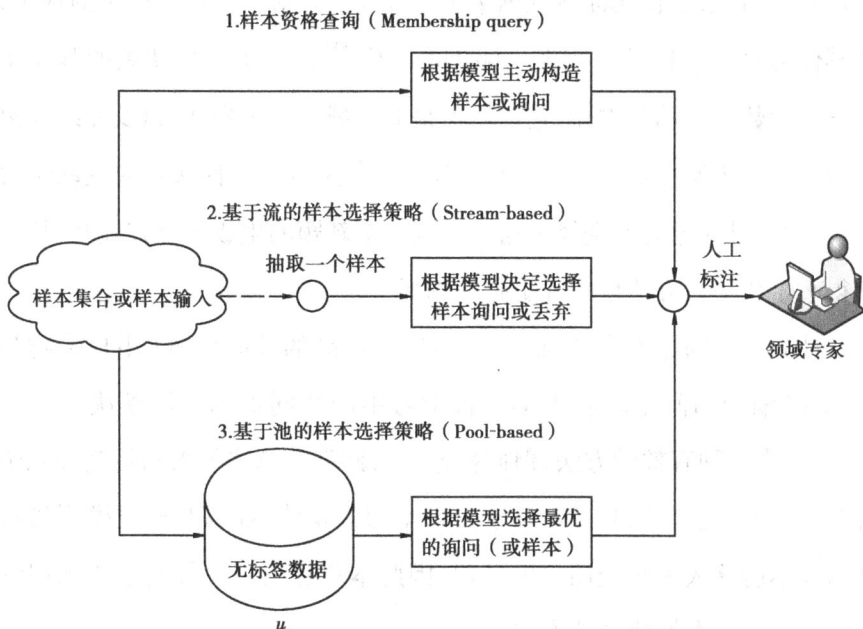

图 4.3　3 种主要的主动学习策略

都从中选择一个去询问领域专家。这种情况下每次来的一系列数据可能来自同一个用户或者类似的用户,因此这一系列样本不具有相对独立性,所以选择一个较有代表性的样本去询问以获得标签就够了。

(3)基于池的样本选择策略

基于池的样本选择策略是指让学习器从一个池中选择样本,这个池由很多相互独立且分布较均匀的无标签样本组成。基于池的样本选择策略是当前研究最为充分的算法,包括基于不确定度缩减的方法、基于版本空间缩减的方法、基于未来泛化错误率缩减的方法等。

在主动学习方法中,一个最为关键的步骤就是从未标注数据中选择具有最大信息量的样本,也即构建分类模型最不确定的样本。Zhu 等人[149]提出了一种新的半监督学习策略,利用高斯随机场模型来整合主动学习与半监督学习算法。Yang 等[150]提出了利用贝叶斯算法进行主动度量学习,它通过在无标签数据集中选择那些相对距离最不确定的样本,将其作为最大信息量的数据。Lughofer 等[151]提出了一种新颖的基于主动学习的数据驱动分类器,它本质上是通过减少人工标注,以及在线和离线分类系统中操作员的监督工作。Li 等[152]提出了一种联合的主动学习方法,它通过在原有的选择策略中加入一个新颖的生成式查询策略,从而获得一个比单一方法鲁棒性更强的选择策略。

针对基于物品内容的推荐中,用户与物品的关联信息(用户给物品的标签)偏少的问题。利用半监督学习中的协同训练方法解决这一问题,不失为一种有效的方法,但同样遭遇协同训练算法要求满足充分冗余视图条件的限制。同时考虑基于主动学习的策略,抽取对分类模型最有利的样本能够大大减轻用户的负担,因此本章提出了一种基于协同训练与主动学习的个性化推荐方法。

4.2 SSLCA 算法描述

4.2.1 算法的框架

标准的协同训练算法要求满足充分冗余视图的苛刻条件,而主动学习为解决数据标注问题提供了一个有效途径。结合在个性化推荐系统中,用户与物品的关联信息较少,也为减轻用户在系统反馈信息收集中的负担,本章提出了结合协同训练与主动学习的基于分类器模型的个性化推荐算法。该算法充分利用了协同训练与主动学习两种算法的优点,其主要分为3个步骤。

①首先将训练数据中的有标签数据分解为两个视图,然后利用监督

学习算法在这两个视图上分别单独训练出两个分类器 h_1 和 h_2。

②同样也将无标签数据分解为两个视图,并在分类器 h_1 和 h_2 上分别估算出它们的分类置信度。

③基于主动学习中的数据选择策略选取无标签数据集中的最大信息量的样本,并将其放入数据池中作进一步的人工标注,其中最大信息量的样本选择策略主要依据高置信度和最近邻两个标准。

该算法的框架描述如图 4.4 所示。

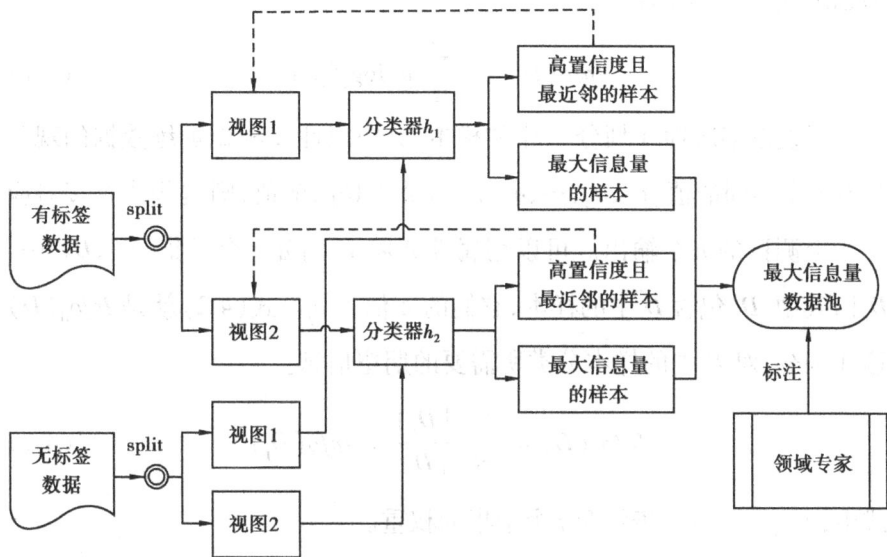

图 4.4 SSLCA 算法的框架

4.2.2 基于熵的视图划分方法

基于熵的视图划分方法是一种启发式的将一个视图划分为两个视图的方法[148]。该视图划分方法主要通过计算整个训练数据视图中每个属性特征的信息熵,然后根据信息熵的值来划分视图。直观地,特征属性的信息熵越大,该属性具有更高的预测性。具体实施方面,可以简单地将特征属性的信息熵值按从大到小的顺序进行排序,然后将排序过后的序列,按照序号的奇偶性将单一的视图分解为两个视图(序号为奇数的划分为一个视图,序号为偶数的划分为另一个视图)。这种视图划分方法的基本原理是:将信息熵比较高的特征属性均匀地划分到两个视图中,因此其具有最大的可能使这两个视图满足充分冗余的条件。

信息熵的计算过程如下,定义 p_i 是数据集 D 中任意实例属于类 c_i 的非零概率,并用 $p_i = |c_{i,D}| / |D|$ 估计。对 D 中的样本分类所需要的期望信息由式(4.1)给出:

$$Info(D) = - \sum_{i=1}^{m} p_i \log_2(p_i) \tag{4.1}$$

假设按某属性 A 划分 D 中的样本,其中属性 A 根据训练数据的观测具有 v 个不同的值 $\{a_1, a_2, \cdots, a_v\}$。如果 A 是离散值,则这些值直接对应于 A 上测试的 v 个输出。可以用属性 A 将 D 划分 v 个子集 $\{D_1, D_2, \cdots, D_v\}$,其中,$D_j$ 包含 D 中的样本,它们的 A 值为 a_j。式(4.2)就是 $Info_A(D)$ 按 A 划分,对 D 中的样本分类所需要的期望信息。

$$Info_A(D) = \sum_{j=1}^{v} \frac{|D_j|}{|D|} \times Info(D_j) \tag{4.2}$$

式中,$|D_j| / |D|$ 表示第 j 个子集的权重。

4.2.3 置信度估算方法

(1)朴素贝叶斯方法

基于朴素贝叶斯(Naive Bayes)方法的样本置信度估计,它是通过计算每一类条件概率的最大后验概率得到的。该方法将训练数据中每一类样本数目的比例当作每个类别的先验概率,然后依照贝叶斯公式对先验概率进行修正,得到后验概率。

假定用 $P(c_j)$ 表示样本属于类别 c_j 的概率,$|D|$ 表示训练数据中样

本的数量,则 $P(c_j)$ 可表示为式(4.3):

$$P(c_j) = \frac{1 + \sum_{i=1}^{|D|} P(c_j)}{|D|} \tag{4.3}$$

然后依据朴素贝叶斯的条件独立假设(即假设样本每个特征与其他特征都不相关),就可估算出样本属于每一类别的后验概率。

假定 a_i 表示单一样本中的属性特征,n 表示样本中的特征数量,则后验概率 $P(c_j \mid a_i)$ 可通过式(4.4)来计算:

$$P(c_j \mid a_i) \propto P(c_j)P(a_i \mid c_j) = P(c_j)\prod_{i=1}^{n} P(a_i \mid c_j) \tag{4.4}$$

(2)期望最大化方法

期望最大化(Expectation Maximization, EM)方法是另一种样本置信度估计方法,它是一种通过迭代方法计算样本最大似然估计的方法。在统计中被用于寻找,依赖于不可观察的隐性变量的概率模型中参数的最大似然估计。最大期望算法经两个步骤交替进行计算,第一步是计算期望(E步),利用对隐藏变量的现有估计值,计算其最大似然估计值;第二步是最大化(M步),以最大化在 E 步上求得的最大似然值来估计参数的值。M 步上找到的参数估计值被用于下一个 E 步的计算中,这个过程不断交替进行。

具体计算如下:在 E 步,首先通过统计得出每个类别 c_i 的先验概率 $P(c_i)$。根据贝叶斯公式,样本 x_i 的后验概率为式(4.5):

$$p(c_i = j \mid x_i; \Phi, \mu, \Sigma) = \frac{p(x_i \mid c_i = j; \mu, \Sigma)p(c_i = j; \Phi)}{\sum_{l=1}^{k} p(x_i \mid c_i = l; \mu, \Sigma)p(c_i = l; \Phi)} \tag{4.5}$$

其中,$p(x_i \mid c_i = j; \mu, \Sigma)$ 表示样本 x_i 在均值 μ_j 和协方差 Σ_j 下,属于类别 j 的高斯密度函数,$p(c_i = j; \Phi)$ 表示类别 j 的比率 Φ_j。

在 M 步,利用训练数据中有标签数据重新估计模型中的参数。在每一次迭代中,假定 $w_i^{(j)} := p(c_i = j \mid x_i; \Phi, \mu, \Sigma)$,则模型中的参数类别比例 Φ_j、均值 μ_j 和协方差 Σ_j 计算如下:

$$\Phi_j = \frac{1}{m} \sum_{i=1}^{m} w_i^{(j)}$$

$$\mu_j = \frac{\sum_{i=1}^{m} w_i^{(j)}}{\sum_{i=1}^{m} w_i^{(j)}}$$

$$\Sigma_j = \frac{\sum_{i=1}^{m} w_i^{(j)} (x_i - \mu_j)^{\mathrm{T}} (x_i - \mu_j)}{\sum_{i=1}^{m} w_i^{(j)}}$$

4.2.4　最大信息量估计方法

主动学习的选择引擎通过选择最不确定的样本,将其作为最大信息量的数据,提供给领域专家为下一步的人工标注作准备。最直接的方法就是概率学习模型,比如在基于概率模型的两类分类问题中,最不确定的样本就是那些后验概率接近 0.5 的样本。

在本章中,我们提出了贡献度的方法度量样本的不确定性,并将其作为最大信息量样本的选择标准。基于贡献度的方法不仅考虑置信度最不确定的样本,也考虑与近邻样本置信度相差大的相关样本。其基于这样的原理:如果此类样本的置信度高,近邻样本置信度低,就不满足聚类假设,使误标注样本的概率增大;反之,如果其置信度低,近邻样本置信度高,此类样本处于决策边界的可能性较大;故此类样本对分类器的贡献较大。样本的贡献度可定义如式(4.6):

$$Contribution(Conf, x_i) = \frac{1}{N \times Conf(x_i, c)} +$$

$$\alpha \left| \sum_{x \in N(x_i)} \left[Conf(x_i, c) - Conf(x, c) \right] \right| \quad (4.6)$$

其中,N 表示分类模型中类别的数目,$Conf(x_i, c)$ 表示样本 x_i 属于类别 c 的置信度,α 表示上述两类因素的权重因子,$N(x_i)$ 表示样本 x_i 的最近邻样本的集合。

4.2.5　算法伪代码描述

SSLCA 算法是一个半监督、多视图学习算法,其伪代码描述见表 4.1。

表 4.1　SSLCA 算法的伪代码描述

Input:
-a learning algorithm ℓ
-the labeled data L and unlabeled data U
-the number k of iterations to be performed
Output:
-the classifier model based on labeled data L and selected informative data
SSLCA algorithm:
-split labeled data L and unlabeled data U respectively into view V_1 and view V_2
Loop for k iterations
-use ℓ, $V_1(L)$ and $V_2(L)$ to create classifiers h_1 and h_2
For each class c_i, do
-let E_1 and E_2 be the e unlabeled instances on each classifiers h_1 and h_2
-selected the high confidence and nearest neighbor instances E_{hn} for c_i, label them according to h_1 and h_2, respectively, and add them to L
-selected the informative instances E_{in}, and add them to data pool P
-remove E_{hn} and E_{in} form U
End For each class c_i
End Loop for k iterations
-label the instances of data pool P, and add them to L
-build the classifier based on labeled data L

从表 4.1 的算法伪代码步骤看,算法的主要流程可分为 4 步。

①利用熵的视图划分方法将数据集中的单一视图划分为两个独立视图,并利用分类算法在这两个视图上分别构建分类模型。

②利用上述两个分类器模型分别对无标签数据进行预测,并依据最大信息量的估计方法计算得出候选集中无标签数据的信息量。

③根据设置的阈值,将信息量值高于阈值的样本抽取出来,放入最大

信息量数据池中,待领域专家的进一步标注。

④将新标注的数据加入原始的有标签数据集中,然后依据新的训练数据集构建最终的分类模型。

4.3　实验结果与分析

4.3.1　实验数据准备

在基于物品内容的个性化推荐系统中,物品的内容以及用户的人口统计学特征等是产生推荐的依据,用户与物品的关联信息(或用户对物品的评价)是建立分类模型的标签信息,因此分类模型的构建是整个推荐系统中的最关键步骤。本节的实验是利用协同训练与主动学习的方法构建用户与物品关联关系的分类模型,因此分类模型的准确性直接影响着推荐效果。本章利用 UCI 数据集和 2012 KDD Cup Track1 的数据集分别评估算法的准确率与系统的推荐质量。

(1)UCI 数据集

为评估分类模型的准确率,这里选用的实验数据来自 UCI 数据集[136]。在本实验中,我们选择其中的 6 个数据集,它们的类别标签都是两类。UCI 数据集的详细信息见表 4.2。

表 4.2　UCI 数据集的信息

data set	attribute	size	class
breast-w	9	699	2
credit-a	15	695	2
diabetes	8	768	2

续表

data set	attribute	size	class
ionosphere	34	351	2
kr-vs-kp	36	3 196	2
sonar	60	208	2

上述 UCI 数据都是用于机器学习中分类任务。在进行实验评估时，按一定的比例将其分为训练数据和测试数据，分别放入有标签数据池和无标签数据池中。在无标签数据池中，数据类别标签将被移除，并将类别标签作为实验评估的标准答案。在利用主动学习的选择引擎从无标签数据池中选取最大信息量的数据时，数据的类别标签将作为领域专家的人工标注类别。

（2）2012 KDD Cup Track1 **数据集**

2012 KDD Cup Track1 的任务主要是：根据腾讯微博中的用户属性（User Profile）、SNS 社交关系、在社交网络中的互动记录（retweet、comment、at）等，以及过去 30 天内的历史 item 推荐记录来预测目标用户的关联用户。Track1 数据集[153]中包括了 6 个文件：训练数据（train data）、用户配置文件（User profile data）、物品数据（Item data）、用户操作数据（User action data）、用户 SNS 数据（User sns data）、用户关键词（User key word data）。

1）训练数据（train data）：rec_log_train.txt

该文件每一行包括一个用户的以下信息：出生年份、性别、发布推特数量、兴趣标签。

格式：用户 ID（UserId），物品 ID（ItemId），结果（Result），时间戳（Unix-timestamp）。

说明：结果（Result），其值为 1 或者-1,1 表示用户接受对其推荐的物品（将它加入他的社会网络中），-1 表示用户拒绝对其推荐的物品。

2）用户配置文件（User profile data）：user_profile.txt

该文件每一行包括一个用户的以下信息：出生年份、性别、发布推特数量、兴趣标签 ID。

格式：用户 ID（UserId），出生年份（Year-of-birth），性别（Gender），发布推特的数量（Number-of-tweet），兴趣标签（Tag-Ids）。

说明：性别的值为 0,1,2。分别代表"未知""男""女"。

Tags 代表了用户的兴趣。如果用户喜欢爬山和游泳，他可能会选择"登山"或"游泳"作为他的标签。还有一些用户选择了 nothing。在此不能使用自然语言的原始标签，且每一个独特的标签被编码为一个唯一整数。

3）物品数据（Item data）：item.txt

该文件每一行包括一个物品的种类及关键词。

格式：物品 ID（ItemId），物品类别（Item-Category），物品关键词（Item-Keyword）。

说明：物品类别是一个字符串"a.b.c.d"，类别是一个层次结构并由字符串"."分开，是一个自上到下的顺序（比如类别"a"是类别"b"的父类，类别"b"是类别"c"的父类）。

物品关键词包含了从个人、组织、团体等相关微博资料中抽取的关键词，格式是一个字符串"id1；id2；…；idN"。

4）用户操作数据（User action data）：user_action.txt

该文件包含了目标用户与其他用户在一定时间内发生关系的次数统计。

格式：用户 ID（UserId），发生关系的目标用户 ID（Action-Destination-

UserId),at 的次数(Number-of-at-action),转发次数(Number-of-retweet),评论次数(Number-of-comment)。

5)用户 SNS 数据(User sns data):user_sns.txt

该文件包含每个用户的跟随历史,注意这种跟随关系是相互的。

格式:跟随者 ID(Follower-userid),用户 ID(Followee-userid)。

6)用户关键词数据(User key word data):user_key_word.txt

该文件包含了从其他用户抽取的转发、at、评论。

格式:用户 ID(UserId),关键词(Keywords)。

说明:关键词格式如下,"词 1:权重 1;词 2:权重 2;…;词 3:权重 3"("kw1:weight1;kw2:weight2;…;kw3:weight3")。

关键词是从其他用户的转发、at、评论中抽取的关键词,能够用来在预测模型中作为特征更好地表示用户。

每个关键词用统一的整数进行编码,并且用户的关键词来自于同一个物品-关键词表。

4.3.2　实验评估方法

在评估分类模型时采用了信息检索领域中的分类准确率指标[138]。分类准确率(Precision)的定义如下:

$$Precision = \frac{分类模型预测正确的个数}{分类模型预测的总数量}$$

对于推荐评分预测系统,采用了 $ap@n$ 的评分指标,$ap@n$ 详细定义如下所述。

假定给用户 u 推荐的物品清单中有 m 个物品,用户可能对其中的一个或多个物品感兴趣。通过不断调整信息检索领域定义的准确率[138],那么该推荐结果的平均准确率可定义为:

$$ap@n = \sum_{k=1,2,\cdots,n} P(k)/I(m) \qquad (4.7)$$

在公式(4.7)中,$I(m)$ 表示用户 u 对物品列表中 m 个物品感兴趣的个数,且如果 $I(m)=0$,则结果也被设置为 0(即 $ap@n=0$);$P(k)$ 表示推荐列表中第 k 个物品被推荐的准确率;$n=3$ 是推荐系统为每个用户设置的默认值。

对于 N 个用户的平均准确率 $AP@N$ 可用式(4.8)来定义,它是对整个推荐系统模型准确率的度量。

$$AP@N = \sum_{i=1,2,\cdots,N} ap@n_i/N \qquad (4.8)$$

4.3.3　分类准确率实验

在本节实验中,为评估 SSLCA 算法的性能,选取了两个经典的监督学习算法:朴素贝叶斯算法和 SMO 算法,同时也选取标准的协同训练[85](co-training)算法和传导式支持向量机(TSVM)算法[92]进行对比实验。与标准的主动学习方法相比,SSLCA 算法是在少量有标签数据集上利用协同训练方法对分类器进行初始化,算法不仅利用协同训练的策略选择高置信度的样本集合,也利用了主动学习中的数据选择引擎,挖掘有限数据中最大信息量样本。

在本节实验中,我们选择 UCI 的 6 个数据集作为实验数据。图 4.5 和图 4.6 描述了在不同的基分类器下,且随着有标签数据的增加,算法的分类准确率。

在图 4.5 中,利用贝叶斯算法作为样本的置信度估计方法,也利用其作为协同训练、主动学习以及 SSLCA 算法的基分类器。图 4.5 中的实验结果表明:在 breast-w 数据集上,随着有标签数据的增加,TSVM 算法得到了最好的分类准确性。在 credit-a 数据集上,当有标签数据的比率高于14%时,SSLCA 算法获得了较其他算法更好的性能。在 diabetes,ionosphere

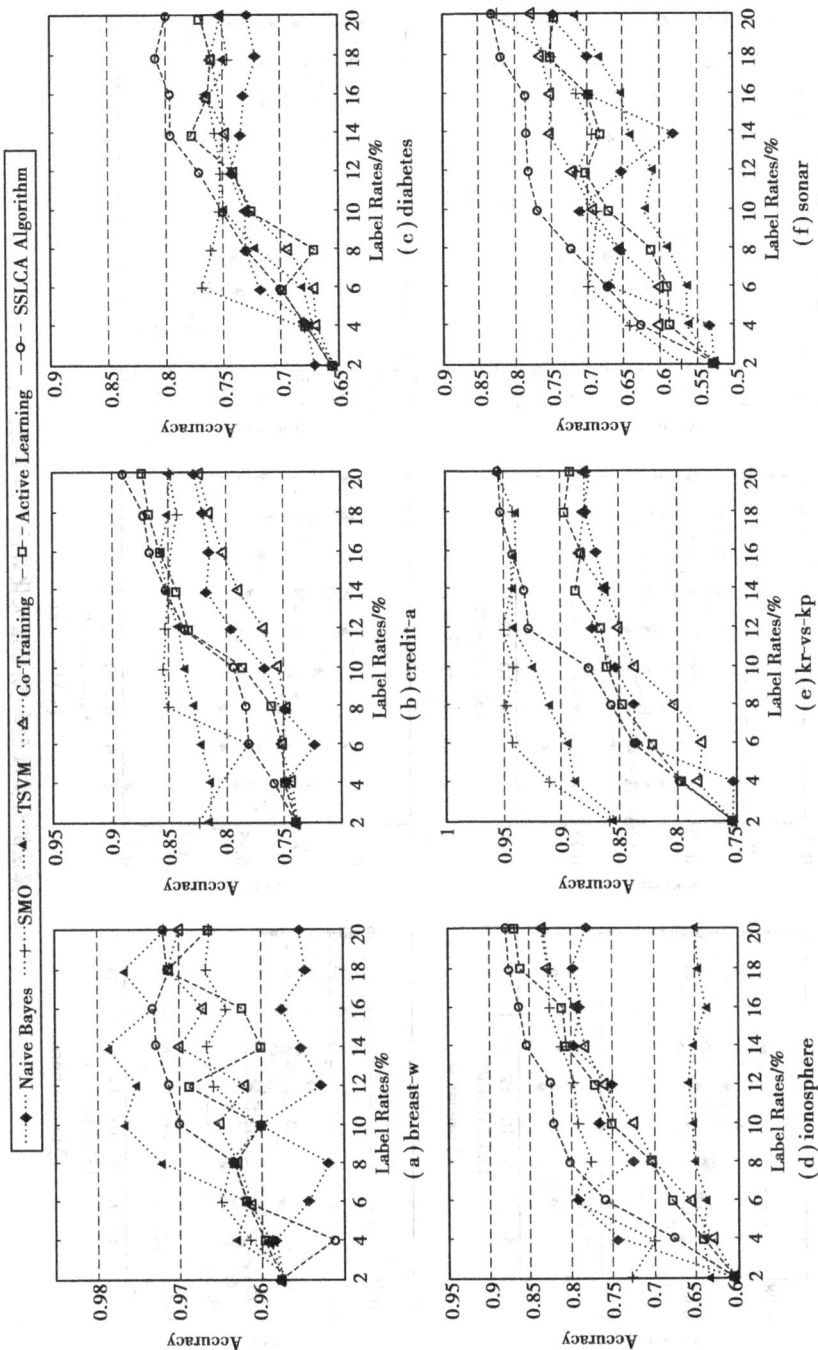

图4.5　算法的分类准确率(贝叶斯算法作为信度估计方法)

93

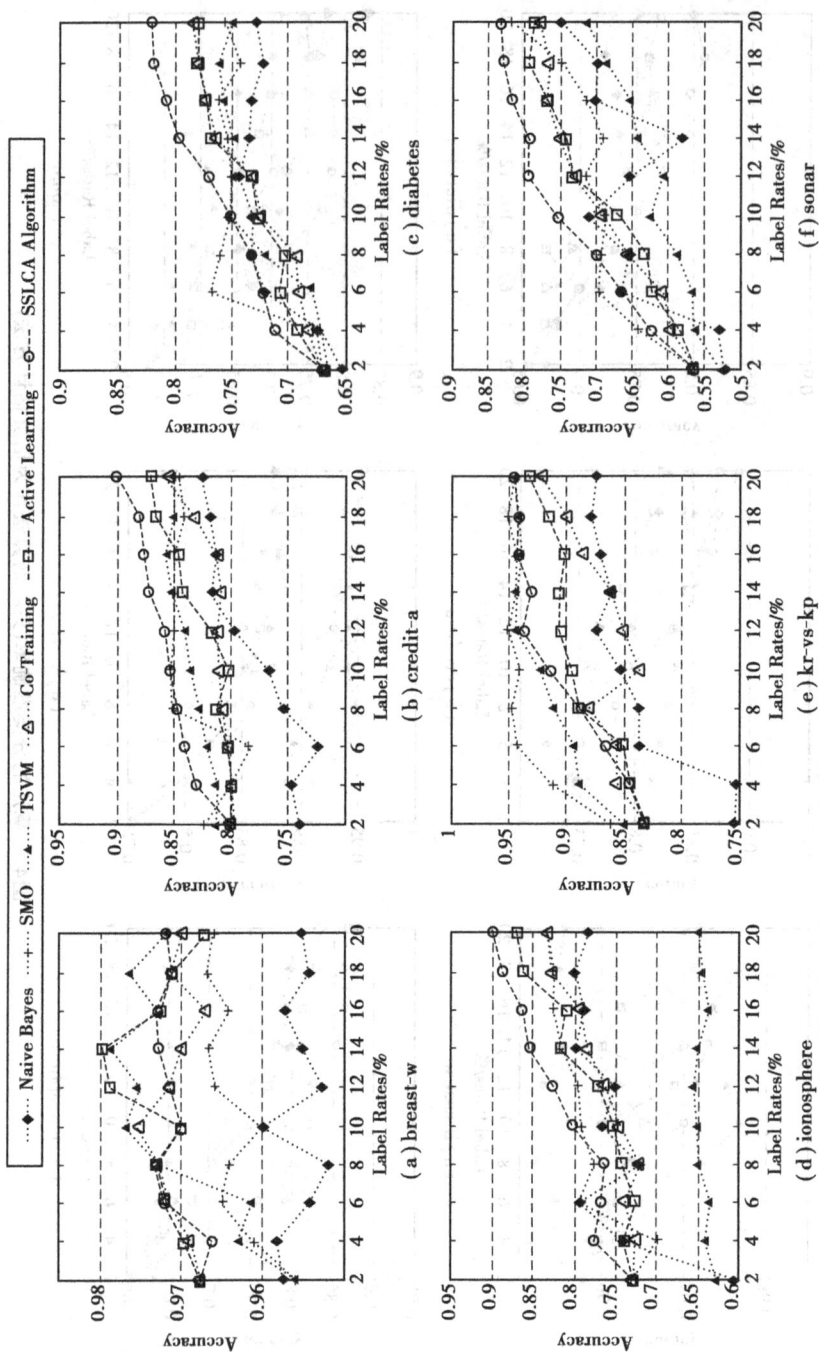

图4.6 算法的分类准确率(期望最大化算法作为信度估计方法)

和 sonar 数据集上,当有标签数据集的比例达到一定程度时,SSLCA 算法明显优于其他算法。在 kr-vs-kp 数据集上,当有标签数据较少时,SMO 算法和 TSVM 算法取得了较好的实验性能,但随着有标签数据的增加,SSLCA 算法取得了最好的实验效果。

在图 4.6 中,利用期望最大化算法作为样本的置信度估计方法,SMO 算法作为协同训练、主动学习以及 SSLCA 算法的基分类器。图 4.6 中的实验结果表明:在 breast-w 数据集上,随着有标签数据的增加,TSVM 算法得到了最好的分类准确性。在 diabetes,ionosphere 和 sonar 数据集上,当有标签数据集的比率达到一定程度时,SSLCA 算法明显优于其他算法。在 credit-a 和 kr-vs-kp 数据集上,当有标签数据较少时,SMO 算法和 TSVM 算法取得了较好的实验效果,但随着有标签数据的增加,SSLCA 算法取得了最好的实验性能。

从图 4.5 和图 4.6 可以看出,在随机选择的数据集上,SSLCA 算法的性能明显优于监督学习算法。在其中的 4 个数据集上,SSLCA 算法的性能明显优于标准的协同训练与主动学习算法;在其他的两个数据集上,SSLCA 算法与标准的协同训练与主动学习算法取得了几乎相当的实验效果。

进一步分析发现,虽然协同训练方法通常选择最可靠的数据进行迭代训练,但同时也遗弃了最不可靠的数据,而这些数据通常又是具有最大信息量、对分类模型的构建最有利的样本。在 SSLCA 算法中,通过选择引擎提取这些最大信息量的数据进行人工标注,与传统的协同训练算法相比,在消耗相同的人力(人工标注工作量)情况下,该算法在实验性能上取得了较有意义的提升。

4.3.4 推荐实验结果及分析

实验的目的是评估本章提出的基于主动学习与协同训练的半监督分类算法在系统上的推荐质量。为了更好地说明问题,可将常用的基于内容的协同过滤推荐算法作为 baseline,与常用的基于分类模型的推荐策略进行比较。

基于物品的协同过滤推荐方法(ItemCF)和基于半监督分类模型的推荐方法类似,都是给用户推荐那些和他们之前喜欢物品相似的物品。主要的不同在于:ItemCF 算法主要通过分析用户的行为数据计算物品之间的相似度,它并不利用物品的内容属性计算物品之间的相似度。而本章节提出的 SSLCA 算法在构建分类器模型时,不仅利用用户的行为数据,也利用物品的内容属性特征。

(1)基于物品的协同过滤推荐方法(ItemCF)

相比基于用户的协同过滤推荐算法(UserCF)给用户推荐那些和他有共同兴趣偏好的用户喜欢的物品,ItemCF 往往给用户推荐那些和他之前兴趣偏好类似的物品。从算法原理来看,UserCF 的推荐结果着重反映了和用户兴趣偏好相似的小群体的热点,而 ItemCF 的推荐结果着重于维系用户的历史兴趣偏好。UserCF 的推荐更加社会化,反映了用户所在的小型兴趣群体中物品的热门程度,而 ItemCF 的推荐更加个性化,反映了用户自己的兴趣传承。

ItemCF 算法主要分为两步:

①计算物品之间的相似度。

②根据物品的相似度和用户的历史行为为用户生成推荐列表。

ItemCF 算法认为:物品 A 和物品 B 具有很大的相似度是因为喜欢物品 A 的用户大都也喜欢物品 B。因此,可以用式(4.9)定义物品之间的相似度：

$$W_{ij} = \frac{|N(i) \cap N(j)|}{|N(i)|} \tag{4.9}$$

其中 $|N(i)|$ 表示喜欢物品 i 的用户数，$|N(i) \cap N(j)|$ 表示同时喜欢物品 i 和物品 j 的用户数。

式(4.9)计算相似度的方法也存在着问题。如果物品 j 很热门，大部分用户都喜欢，那么相似度 W_{ij} 会很大，甚至接近于 1。这样就会造成任何物品和热门物品都有很大的相似度，为避免这个问题，可在式(4.9)中引入一个惩罚项，如式(4.10)可以减轻热门物品和很多其他物品相似的可能性。

$$W_{ij} = \frac{|N(i) \cap N(j)|}{\sqrt{|N(i) \| N(j)|}} \tag{4.10}$$

在利用式(4.10)计算物品之间的相似度后，ItemCF 可通过式(4.11)计算用户对物品的兴趣度，从而实现推荐。

$$P_{uj} = \sum_{i \in N(u) \cap S(j,k)} W_{ji} R_{ui} \tag{4.11}$$

其中，$N(u)$ 表示用户 u 喜欢的物品集合，$S(j,k)$ 表示与物品 j 最相似的 k 个物品的集合，R_{ui} 表示用户 u 对物品 i 的兴趣度(如用户 u 对物品 i 有过行为，即可令 $R_{ui}=1$)。

(2)基于半监督分类的推荐方法

用户与其关联的物品构建流程如图 4.7 所示。

相比 ItemCF 的推荐方法给用户推荐那些和他们之前喜欢的物品相似的物品，且仅仅利用用户的行为记录计算物品之间的相似度。基于半监督分类策略的推荐方法的主要不同在于：算法在构建模型时，不仅利用用户的行为信息，也利用物品的内容信息。

本节的实验主要是利用 2012 KDD Cup Track1 的腾讯微博数据，完成向目标用户推荐物品。其任务是：预测腾讯微博中的一个用户可能接受

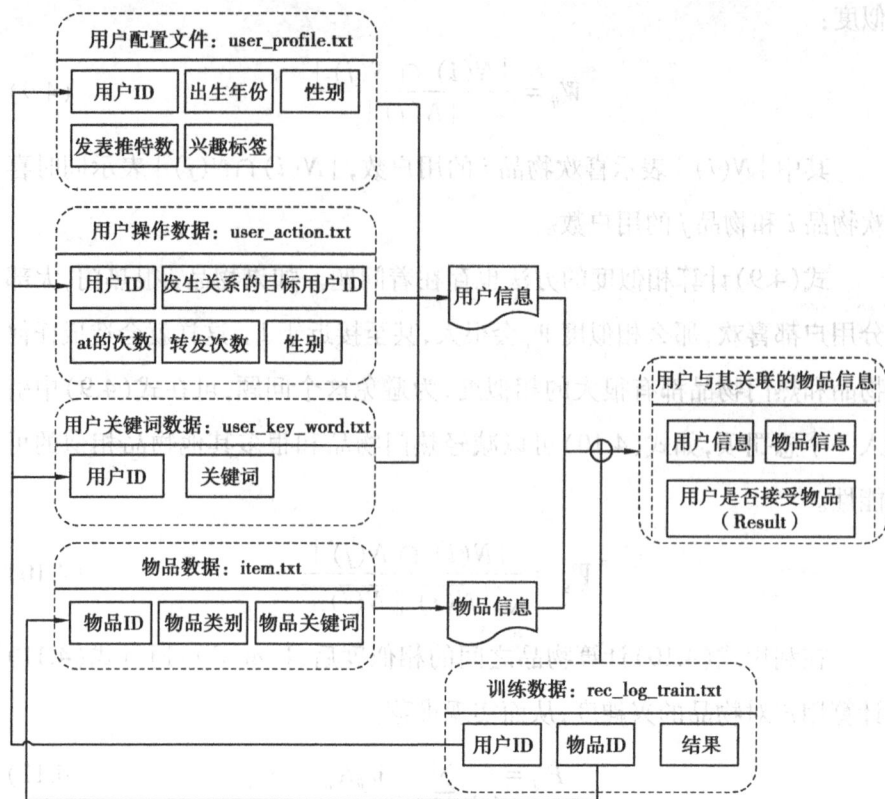

图 4.7　用户与其关联的物品构建流程

的物品（item）。虽然 Track1 数据集[153]中包括了 6 个文件,但本实验只用到了其中的 5 个文件:训练数据、用户配置文件、物品数据、用户操作数据、用户关键词数据。根据它们之间的关系构造用户与其关联的物品信息列表,最终生成的数据特征向量包括:用户信息、物品信息以及用户是否接受该物品（标签信息）,从而实现基于分类器模型的个性化推荐。图4.7 描述了用户与其关联的物品构建流程。

利用图 4.7 的步骤对数据进行预处理后,再经特征提出与特征转换,就可以构建用于分类器模型的特征向量,从而利用本章提出的半监督分类算法训练模型,实现对用户与物品关联兴趣的预测,进而得出每个目标用户喜欢的物品集合。图 4.8 描述了本节实验中的基于分类器模型的个性化推荐框架。

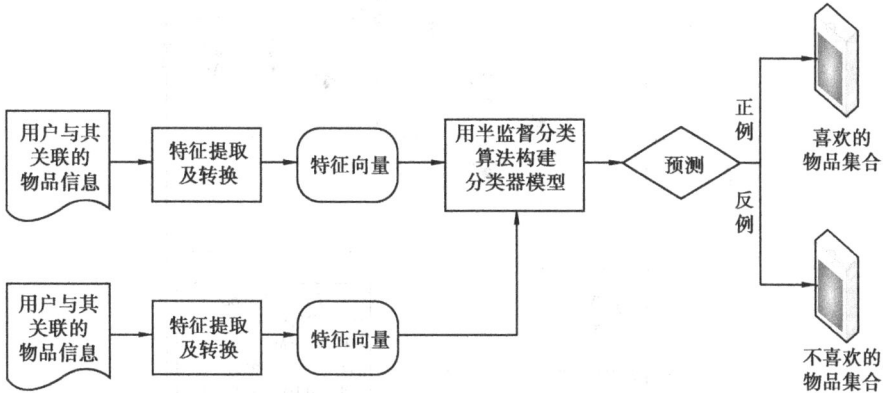

图 4.8　基于分类器模型的个性化推荐框架

（3）实验结果及分析

将实验数据按 60% 和 40% 的比例随机分成两个部分,作为本节实验的训练数据和测试数据。图 4.9 是基于 ItemCF 算法与不同的分类算法在离线数据集上得到的对比实验结果。

在图 4.9 中,子图（a）是利用朴素贝叶斯算法作为其置信度估计方法,子图（b）是利用期望最大化算法作为其置信度估计方法。从图中的趋势来看,无论是采用朴素贝叶斯还是采用期望最大化算法进行置信度估计,基于 SSLCA 算法训练的推荐模型,都取得了较其他推荐算法较优的推荐结果。实验结果表明,当有标签数据集的比率较小时（小于 4%）,SMO 算法和 TSVM 算法取得了较优的推荐结果,但是随着有标签数据比例的增大,SSLCA 算法表现出了较明显的优势。特别需要注意的是,当有标签数据比例大于 6% 时,利用分类算法得到的推荐结果都好于利用 ItemCF 算法得到的推荐结果。可能的原因是 ItemCF 推荐方法只利用了用户行为数据,而本章提出的基于半监督分类的推荐方法不仅有效利

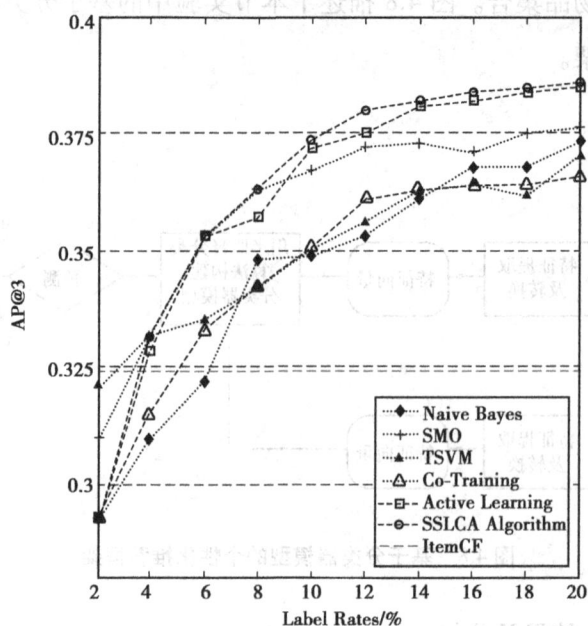

(a)

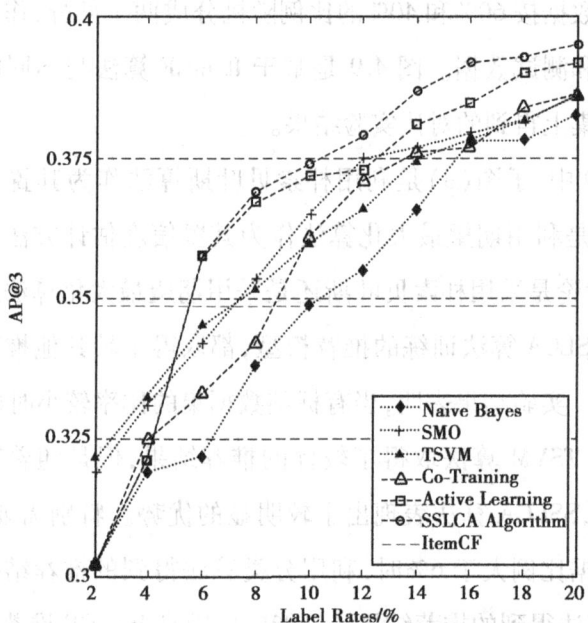

(b)

图 4.9　基于 ItemCF 和不同分类算法的实验结果

用了用户的行为数据,也挖掘了物品的内容属性特征的作用,这也是基于分类模型的推荐方法相比传统 ItemCF 方法的优越之处。此外,仔细比较子图(a)和子图(b)中的实验结果,可以发现在子图(b)中 SSLCA 算法获得了较好的推荐结果,这表明样本的置信度估计方法对系统最终的推荐质量也有着一定影响。

本章小结

本章首先介绍了基于内容的个性化推荐系统常用的几种方法,并重点介绍了利用机器学习的方法对个性化推荐进行研究;在此基础上,提出了基于主动学习与协同训练的个性化推荐方法,重点对本章提出的 SSLCA 算法以及算法中的各个子环节进行了详细的描述;最后利用 UCI 数据集和 2012 KDD Cup Track1 腾讯微博数据集,分别从算法的准确率和推荐质量两个方面对 SSLCA 算法进行评估,并对推荐模型的构建与实验结果都进行了较详细的论述与分析。

第 **5** 章

基于自增量学习的半监督推荐方法

在第 4 章中提出了基于主动学习与协同训练的个性化推荐方法。在离线推荐模型中,这种方法通过主动学习方法中的选择引擎,抽取最大信息量的数据加入数据池中,以待领域专家进行下一步标注。在在线推荐模型中,通常是在抽取出最大信息量的数据后,需要通过咨询方式获取用户的兴趣(评价),将其作为用户与物品关联的标签信息。因此,无论是让领域专家花费大量的时间标注大量的数据标签,还是采用咨询的方式获取用户的评价,都将消耗大量的人力与财力。特别是在利用用户与系统互动交流的方法获取用户行为信息,互动程度越高者,所得到的用户偏好信息越能反映出真实的兴趣,但是也会给用户造成比较大的负担,过多地询问用户的感受或评价,有可能引起用户的反感情绪,甚至给系统的推荐质量带来负面影响。

此外,通过对真实推荐系统中的用户行为数据以及物品数据进行分析,可以发现用户信息和物品信息在日志数据中大量真实地存在,而二者

102

的关联信息(体现在推荐系统中,就是用户对物品的偏好与兴趣)却是极其少量的。在第 4 章中,提出通过咨询方式得到用户的评价数据,或者让领域专家标注具有最大信息量的无标签数据,但这两种方式得到的有标签数据都是相当有限的,却也耗时耗力。基于此,本章提出了基于高斯对称分布与高置信度估计的自增量学习推荐算法(Semi-Supervised Learning：Exploiting Unlabeled Data with Symmetrical Distribution and High Confidence, SSLSH 算法),挖掘大量无标签数据中的隐藏信息,以期构建更好的半监督分类模型,从而提高个性化推荐的质量。

5.1　自增量学习相关研究

5.1.1　自增量学习的策略

到目前为止,研究者已提出了很多方法用于改进监督学习算法的性能。一般来说,这些方法大致可分为两类：一类是广义期望最大化(Expectation Maximization, EM)方法[83],另一类是增量学习(Incremental Learning)方法[154]。与广义 EM 方法在一次迭代中使用所有的无标签数据相比,基于自增量学习的方法通常利用一些置信度估计方法选取部分无标签数据进行模型训练。最著名的自增量学习方法是通过选取高置信度的无标签数据用于模型训练,因为高置信度的数据往往意味着数据的预测标签是更接近正确的。在某些领域,特别是当数据比较稀少时,这种策略总是能大幅度地提高算法的分类准确率。

从理论上看,上述利用无标签数据的策略是相当合理的,因为高置信度的数据标签通常代表着更准确的标签数据,通过在训练数据集中加入预测标签正确的数据,应该可以提高分类器的准确率。然而一些研究者也提出了相反的例子,对这种策略提出了挑战。Zhang 等人[155]的报告指出在半监督声学模型中通过在有标签数据中加入一些低置信度的无标签数据,分类模型反而取得了最好的成绩。分析这些高置信度的数据没有能提高分类模型的性能反而恶化其性能的原因,一种流行的观点就是:当模型假设与实际情况相违背时,这些无标签数据往往会导致一个巨大的估计偏差[156]。一般来说,置信度分数是估计一个特殊样本分类正确与否的度量,而不是在训练改进模型时评估样本潜在分布的度量。很多分析都表明,使用高置信度作为无标签数据的选择标准有时会给分类模型带来反作用(即使选择的数据的标签信息是正确的)。因此,本章提出了一种基于高置信度且对称分布的数据选择策略进行自增量学习。在制订数据选择策略时,综合考虑了多重原则:不仅要求选择的数据具有高置信度分数,而且要求这些数据是大体满足高斯对称分布的。

5.1.2 无标签数据对模型影响分析

关于自增量学习的半监督学习方法,目前已经做了大量的工作。在早期,由于将无标签数据直接融入传统的监督学习方法(如 BP 神经网络)存在困难,也缺乏对无标签数据在半监督学习过程中所起作用的研究,因此直到 19 世纪 90 年代半监督学习才真正引起人们的注意。随着无标签数据的价值逐渐被一些研究者发现[83,85],半监督学习开始变成一个热门的课题。

早期的研究对于无标签数据如何改进模型的性能这一问题,没有提供明确的答案和解释。Miller 等人[157]首先对无标签数据的有用性提供了可能的解释,他们从数据分布估计的角度给出了一个直观的分析,假设所有的数据都服从由 L 个高斯混合模型组成的分布,即:

$$f(x \mid \theta) = \sum_{l=1}^{L} \alpha_l f(x \mid \theta_l)$$

其中,α_l 是混合系数,满足 $\sum_{l=1}^{L} \alpha_l = 1$,$\theta = \{\theta_l\}$ 是模型参数。这样分类标签 c_i 就可以被看作一个随机变量,它的分布 $P(c_i \mid x_i, m_i)$ 由选定的混合成分 m_i 和特征向量 x_i 决定。于是,根据最大后验概率假设,最优分类规则由式(5.1)决定:

$$h(x) = \arg\max_k \sum_j P(c_i = k \mid m_i = j, x_i) P(m_i = j \mid x_i) \qquad (5.1)$$

$$其中\ P(m_i = j \mid x_i) = \frac{\alpha_j f(x_i \mid \theta_i)}{\sum_{l=1}^{L} \alpha_l f(x_i \mid \theta_l)}$$

这样学习目标就变成利用训练数据来估计式(5.1)中的 $P(c_i = k \mid m_i = j, x_i)$ 和 $P(m_i = j \mid x_i)$。这两项中的第一项与类别标签有关,而第二项并不依赖于样本的标签,因此,如果有大量的无标签数据可用,则意味着能够用于估计第二项的数据显著增多,这会使得第二项的估计变得更加准确,从而导致式(5.1)更加准确。也就是说,分类器的泛化能力得以提高。Zhang 等[158]进一步分析了无标签数据在半监督学习中的价值,并指出如果一个参数化模型能够分解成 $P(x, y \mid \theta) = P(y \mid x, \theta) P(x \mid \theta)$ 的形式,那么无标签数据的价值就体现在其能够帮助研究者更好地估计模型参数,从而导致模型性能的提高。

为了更好地估计模型参数,研究者提出了一种重要的方法——产生式方法(generative methods),该方法假设有标签数据和无标签数据是从同一个参数模型中产生。产生式模型方法简单且易于实现,在小规模的有标签数据集下,产生式模型能够取得较判别式模型更好的成绩。然而这一类方法有其严重的缺陷,即当模型假设不正确时,使用大量的无标签数据拟合模型将会导致学习性能下降[159,160]。因此,为了保证产生式方法在半监督学习中的有效性,一种很自然的想法就是确定选择的无标签数据尽可能正确。既然高置信度分数的数据通过意味着其分类结果更接近于正确,所以如何选择高置信度数据变成了解决问题的关键。Zhang 等[161]提出了一种新颖的置信度估计方法来选择高置信度的无标签数据。它首先使用半监督广义判别分析的方法(Semi-Supervised Generalized Discriminant, SSGDA)来估计无标签数据的类别标签;然后利用所有的无标签数据及相应的估计标签与所有的有标签数据产生判别分析;最后再考虑与这些有标签数据近邻的无标签数据。如果一个有标签数据的近邻存在一定比例的无标签数据,且这些无标签数据的估计类别标签是相同的,那么这些无标签数据的估计类别标签就应该具有高置信度,且应该被选择加入有标签数据集中。Tanha 等[162]提出利用不同的分类器算法通过自训练的方法选择高置信度的子数据集,然后利用 PCA 学习方法来控制错误率。Chang 等[163]提出通过寻找彼此之间线性独立的视图来代替条件独立的视图,如果一个样本在不同的视图下有相同的预测结果,那么根据独立假设,该样本应具有高置信度。Zhang 等[142]提出了 COTRADE 算法,它是基于特殊的数据编辑技术,能够明确有效地估计分类模型预测样本标签的置信度。

在半监督学习中,虽然利用高置信度的无标签数据取得了一定程度的成功,但一些负面实验也显示无标签数据能降低模型的性能。通过分析大量的无标签数据导致模型性能降低的原因,最明显的就是不断增加的无标签数据可能导致对潜在概率分布 $P(x,c)$ 的错误估计。特别是,当置信度注释器(annotator)是建立在分类模型的基础之上时,这种估计偏差会更甚。

为了便于讨论,我们将利用 3 幅图(图 5.1 至图 5.3)来描述学习的过程[164]。图 5.1 描述了利用有标签数据训练得到的高斯分布与其真实分布,由于有标签数据稀少,得到数据的高斯分布与真实分布之间存着明显的偏差。在图 5.2 中,虚线描述了基于置信度估计的无标签数据的后验概率,图中星型的点表示被选中的置信度分数较高的无标签数据。在图 5.3 中显示了,在无标签数据中加入选取出来的新数据,学习得到新的数据分布。

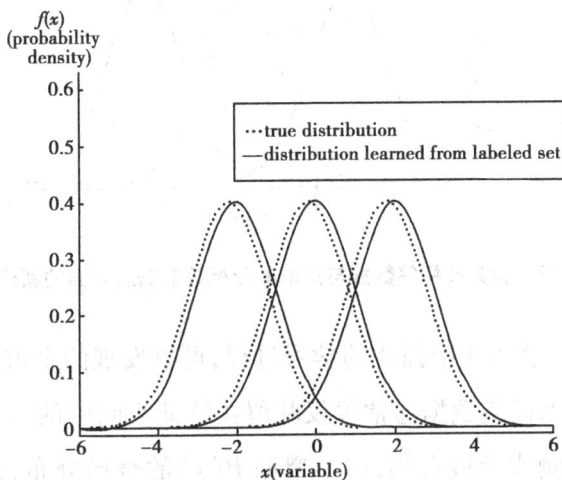

图 5.1　利用有标签数据训练得到的高斯分布与其真实分布

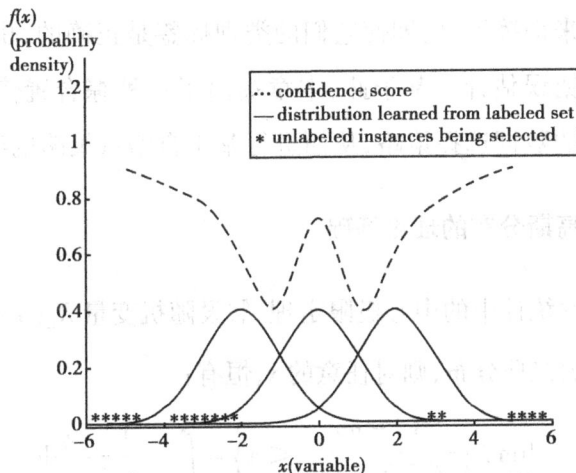

图 5.2　基于置信度度量和高斯密度函数的后验概率分布

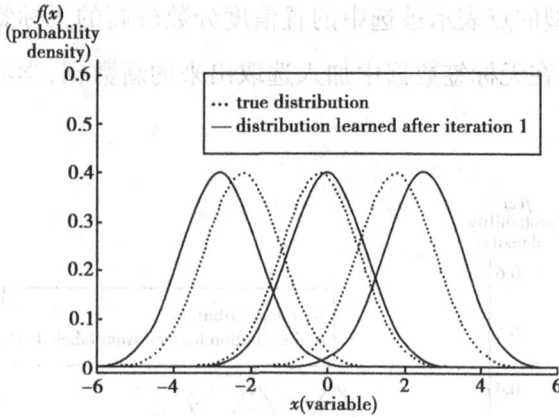

图 5.3　合并有标签数据与选取的无标签数据后得到的新分布

从图 5.1—图 5.3 中描述的学习过程,可以发现两个重要的现象:第一,被选择的无标签数据通常仅仅驻留在特征空间中的某一区域,如图 5.3 中的最左侧或者最右侧,而不遵循 $P(x)$ 的全局分布;此外,选取出来的数据存在着某些类别标签的缺失(如第 2 个类别),因为在这个类别标签下,数据的置信度估计分数较低。很明显,利用这些选取出来的无标签数据来训练模型,即使它们的类别标签是正确的,也将会导致对真实分布的错误估计。基于此,本章提出了一种综合置信度分数与高斯对称分布的数据选择策略,从而进行基于自增量策略的半监督学习。

5.1.3　高斯分布的理论基础

根据概率统计中的中心极限定理,假设随机变量 $X_n(n=1,2,\cdots)$ 服从参数为 p 的二项分布,则对任意的 x,恒有:

$$\lim_{n\to\infty} P\left\{\frac{X_n - np}{\sqrt{np(1-p)}} \leqslant x\right\} = \int_{-\infty}^{x} \frac{1}{\sqrt{2\pi}} e^{-\frac{t^2}{2}} dt$$

随后,拉普拉斯建立了中心极限定理较一般的形式,中心极限定理随后又被其他数学家推广到了其他任意分布的情形,而不限于二项分布。后续的统计学家发现,一系列的重要统计量,在样本量 N 趋于无穷大的时候,其极限分布都有正态的形式,这就构成了数理统计学中大样本理论的基础。

20 世纪初,哥塞特、费歇尔等人掀起了小样本理论的革命,提升了高斯分布在统计学中的地位。随着高斯分布在小样本理论中也获得了空前的胜利,这实际上扩展了高斯分布的应用范围。至于高斯分布能被广泛接受的原因,Jaynes 指出主要是因为高斯分布在数学方面具有多种稳定性质,包括:

①两个高斯分布密度的乘积还是高斯分布。

②两个高斯分布密度的卷积还是高斯分布,也就是两个高斯分布的和还是高斯分布。

③高斯分布 $N(0,\sigma^2)$ 的傅里叶变换还是高斯分布。

④中心极限定理保证了多个随机变量的求和效应将导致高斯分布。

⑤高斯分布和其他具有相同方差的概率分布相比,具有最大熵。

前 3 个性质说明了高斯分布一旦形成,就容易保持该形态的稳定,高斯分布可以吞噬小的干扰而继续保持形态稳定。后两个性质则说明,其他的概率分布在各种操作下容易越来越靠近高斯分布。高斯分布具有最大熵的性质,所以任何一个对指定概率分布的操作,如果该操作保持方差的大小,却减少已知的知识,则该操作不可避免地增加了概率分布的信息熵,这将导致概率分布向高斯分布靠近。

5.2　置信度度量方法

置信度(confidence)这一概念最早出现在统计学和社会科学中。在社会科学领域,置信度是研究结果一致性和稳定性的评价标准。实际上,置信度这一概念更多的是属于统计学范畴,按统计学的观点,置信度是指特定个体对待特定命题真实性相信的程度。具体到机器学习领域,置信度则是衡量机器学习算法在各种测试集上预测性能的稳定性,它是分类模型对未知数据预测错误的概率值,即模型预测的风险水平。

在机器学习领域,关于置信度的度量方法相关研究已有很多,如基于贝叶斯的方法、基于数据分布的 EM 方法。基于贝叶斯的置信度估计方法要求在构建分类器前,必须预先设定样本所属分布的概率密度信息。当处理巨量复杂数据时,先验知识往往不准确,这种情况下基于贝叶斯的方法给出的置信度分析不是有效的,且算法错误率不具可校准性。基于 EM 的置信度估计方法是一种基于数据特定分布的方法,其置信度的预测必须预先确定序列样本的分布模型,这对实际的应用问题来说非常困难;且在计算未知样本的置信度估计过程中没有考虑样本自身的任何信息。这两种方法在本书的 4.3.3 小节中已有详细介绍,在此就不再赘述,而本节将给出两种新的置信度度量方法。

5.2.1　基于 K 近邻的置信度

根据机器学习中的聚类假设(指同一聚类中的样本点很可能具有同样的类别标签),在给无标签数据分类时必须遵循以下两个标准:①相似

110

度高的无标签数据一定属于相同的类别;②无标签数据的类别一定与其相似度高的有标签数据的类别一致[166]。因此,可以通过计算无标签数据 x_i^u 与它相似的 K 个有标签近邻数据的分类一致性,以及 x_i^u 与它相似的 K 个无标签近邻数据的分类一致性来度量 x_i^u 的置信度。

定义 5.1:令 $S(x_i^u, x_j^l)$ 表示无标签数据 x_i^u 与它近邻的有标签数据 x_j^l 的相似度, $S(x_i^u, x_j^u)$ 表示无标签数据 x_i^u 与它近邻的无标签数据 x_j^u 的相似度。数据 x_i^u 被基分类器 h_i 标注为某个类 c_r 的置信度 $conf_1(x_i^u)$,由 x_i^u 与它的 K 个有标签数据近邻的一致性 A_i^r,以及 x_i^u 与它的 K 个无标签数据近邻的一致性 B_i^r 决定,则计算如下:

$$conf_1(x_i^u) = \lambda A_i^r + (1 - \lambda) B_i^r \tag{5.2}$$

$$A_i^r = \sum_{j=1}^{K} S(x_i^u, x_j^l) \widehat{y_i^r} y_j^r \tag{5.3}$$

$$B_i^r = \sum_{j=1}^{K} S(x_i^u, x_j^u) \widehat{y_i^r} \widehat{y_j^r} \tag{5.4}$$

其中,如果 h_i 对 x_i^u 与 x_j^l 分类一致,那么 $\widehat{y_i^r} y_j^r = 1$,否则 $\widehat{y_i^r} y_j^r = 0$。同理,如果 h_i 对 x_i^u 与 x_j^u 分类一致,那么 $\widehat{y_i^r} \widehat{y_j^r} = 1$,否则 $\widehat{y_i^r} \widehat{y_j^r} = 0$。$A_i^r$ 可以看作是将 x_i^u 分为 c_r 类时 K 个有标签近邻给出的置信度,而 B_i^r 则表示 K 个无标签近邻给出的置信度。$\lambda \in [0,1]$ 调节 A_i^r 和 B_i^r 在 $conf_1(x_i^u)$ 中的权重,当 $\lambda = 1$ 时,表示研究者只看重 K 个有标签近邻给出的置信度 A_i^r。

由式(5.2)、式(5.3)、式(5.4)可得:

$$conf_1(x_i^u) = \lambda \sum_{j=1}^{K} S(x_i^u, x_j^l) \widehat{y_i^r} y_j^r + (1 - \lambda) \sum_{j=1}^{K} S(x_i^u, x_j^u) \widehat{y_i^r} \widehat{y_j^r} \quad (5.5)$$

在式 5.5 中,$conf_1(x_i^u)$ 越大,表明样本 x_i^u 与其最相似的 K 个有标签、无标签近邻的分类结果越一致,x_i^u 的置信度越高;反之,$conf_1(x_i^u)$ 越小,x_i^u 与其最相似的 K 个有标签、无标签近邻的分类结果越不一致,也就是说,x_i^u 的置信度越低。

5.2.2 基于最大差距的置信度

从直观上分析,在二分类问题中,如果某个无标签数据 x_i^u 被基分类器 h_i 分为正类的后验概率 $P(+1 \mid x_i^u)$ 或负类的后验概率 $P(-1 \mid x_i^u)$ 越接近于 0.5,说明基分类器 h_i 对 x_i^u 的预测标签越"不自信";相反,如果 $P(+1 \mid x_i^u)$ 和 $P(-1 \mid x_i^u)$ 的差越大,则说明 h_i 对 x_i^u 的预测标签越"自信"。同理,在多分类问题中(假设有 L 个类别),如果 $P(c_j \mid x_i^u)$ 越接近 $\frac{1}{L}$,说明基分类器 h_i 对 x_i^u 的预测标签越"不自信";而如果 $P(c_j \mid x_i^u) - P(\bar{c_j} \mid x_i^u)$ 的值越大,即 x_i^u 被标注为 c_j 类和非 c_j 类的差值越大,说明 h_i 对 x_i^u 的预测标签越"自信"。由此,基于最大差距的置信度定义如下所述。

定义 5.2:令 $P(c_j \mid x_i^u)$ 表示无标签数据 x_i^u 被基分类器 h_i 分为 c_j 类的后验概率,且 $\sum_{j=1}^{L} P(c_j \mid x_i^u) = 1$。如果无标签数据 x_i^u 被基分类器 h_i 分为 c_r 类,其置信度(confidence)由 x_i^u 被分为 c_r 类的后验概率 $P(c_r \mid x_i^u)$ 与非 c_r 类的平均后验概率 $P(c_{\bar{r}} \mid x_i^u)$ 的线性组合,用 $conf_2(x_i^u)$ 表示,则计算如下:

$$conf_2(x_i^u) = P(c_r \mid x_i^u) - \frac{1}{L-1} \sum_{c_{\bar{r}} \neq c_r} P(c_{\bar{r}} \mid x_i^u) \tag{5.6}$$

在式 5.6 中,$conf_2(x_i^u)$ 越大,说明无标签数据 x_i^u 被 h_i 越"自信"地分为 c_r 类;反之,$conf_2(x_i^u)$ 越小,表明 h_i 对无标签数据 x_i^u 的分类结果越"不自信",或者说,x_i^u 越不确定(uncertain)。与 $conf_1(x_i^u)$ 比较,$conf_2(x_i^u)$ 比较简单,不需要相似矩阵 S,降低了时间复杂度。

5.3　SSLSH 算法描述

现阶段的众多研究表明,在半监督学习中,无标签数据对提升学习器的性能是有帮助的。然而 Zhang 等[155]的工作表明:仅仅利用置信度估计来选择无标签数据是一个有风险的策略,特别是当将分类器模型作为置信度注释器(annotator)的信息提供者的时候,这种风险甚至更大。基于此,研究者提出了协同训练的思想,它通过利用外部信息而非分类模型去构建独立的置信度注释器[148,165],但是协同训练方法要求数据满足十分苛刻的"充分冗余视图"条件。因此,本章提出了一种基于高斯对称分布与置信度估计的自增学习方法,来解决半监督学习中的无标签数据的利用问题。

5.3.1　算法的框架及描述

SSLSH 算法的框架如图 5.4 所示,算法大体分为 3 个步骤,如下所述。

①利用置信度估计模型和有标签数据集对随机抽取的无标签数据进行置信度计算。

②利用数据选择算法筛选置信度分数高且具有高斯对称分布的无标签数据。

③利用分类算法作为基分类器,并针对新的有标签数据集构建分类器模型。

明显地,从图 5.4 SSLSH 算法的框架可以看出,置信度估计模型和数据选择算法是整个流程的关键。置信度估计模型主要依据某种策略对无标签数据进行置信度计算,挑选出类别的预测标签更接近正确的样本,以

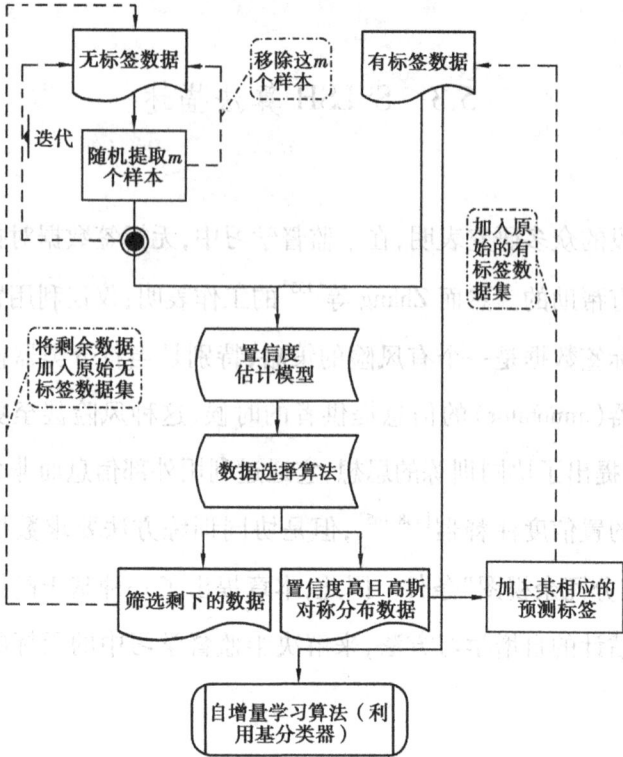

图 5.4　SSLSH 算法的框架

期训练出更好的模型。数据选择算法则是剔除与真实分布相差较大的高
置信度数据,尽量消除挑选的无标签数据对模型性能的负面影响。
SSLSH 算法的伪代码描述见表 5.1。

表 5.1　SSLSH 算法的伪代码描述

Input：

　　L：the labeled data set

　　U：unlabeled data set

　　$Learn$：classifier algorithm

Output：

　　The classifier model based on classifier algorithm ($Learn$)

续表

Step 1. Initialization:

　　a. Extract m instances form the unlabeled data at random, mix the m instances and data set L.

Step 2. Confidence metric with confidence annotator:

　　a. Utilize the labelled data and confidence annotator to estimate the unlabeled data, get the confidence probability $P(c_i)$ that the instance belong to cluster c_i.

　　b. To each cluster c_i, there are many labeled data and many unlabeled data, we label the unlabeled instance with the vast majority of label in the labeled data.

Step 3. The data selection:

　　a. Select the data with high confidence and symmetrical distribution from the unlabeled data, and add the data to labeled data set L.

　　b. Add the rest of data to the labeled data set U.

　　c. Repeat step1 and step 2 until enough unlabeled instances are selected.

Step 4. Learning algorithm:

　　a. Build the classifier model based on classifier algorithm *Learn* with the new labeled data set L.

　　从表 5.1 中 SSLSH 算法的伪代码描述,进一步分析该算法改进模型性能的原因,其关键体现在置信度估计和数据选择算法步骤上。在置信度估计模型中,通过置信度注释器来估计无标签数据的后验概率 $P(D_i)$,它是对无标签数据类别标签 $P(y)$ 最可靠的估计,这些无标签数据的加入能够扩充训练数据的样本空间;在数据选择算法中,利用 $P(x \mid D_i)$ 对后验证概率 $P(x \mid y)$ 进行近似建模,通过挑选置信度分数高且高斯对称分布的数据,将其加入有标签数据集中,从而使计算获得更精确的模型参数 $P(y)$ 和 $P(x \mid y)$,根据 Zhang 等[158]的理论,这都将导致模型性能的提高。

5.3.2　数据选择算法

数据选择算法的伪代码描述见表 5.2。

表 5.2　数据选择算法的伪代码描述

Input：

　　L—the labeled data set, U—unlabeled data set

Output：

　　The unlabeled data U with high confidence and symmetrical distribution

Step 1. Initialization：

　　a. Let $\{x_i\}_{i=1}^{n} \in L \cup U$, x_i denote an instance of the data set. Unitize confidence annotator to estimate the mixture data X, and partition the data set X into k cluster $\{d_1, d_2, \cdots, d_k\}$.

for $d_i \in D = \{d_1, d_2, \cdots, d_k\}$ do

　　b. Let $P(x_i)$: the probability of each instance x_i belong to cluster $D = [d_1, d_2, \cdots, d_k]$.

　　c. Let n_j^l: the number of labeled instances clustered to d_i.

for $c_j \in C = \{c_1, c_2, \cdots, c_m\}$ do

　　Let n_{d_i, c_j}^l: the number of labeled instances belong to class c_j and clustered to d_i.

end for

　　d. Compute the prior probability for each unlabeled instance was labeled

$$P(\{x_i\} \rightarrow \{x_i, y\}) = \frac{\max(n_{d_i, c_1}^l, n_{d_i, c_2}^l, \cdots, n_{d_i, c_j}^l)}{d_i}$$

　　e. Calculate the confidence of instance x_i, $conf(x_i) = P(x_i) \times P(\{x_i\} \rightarrow \{x_i, y\})$

　　f. If $conf(x_i) >= \alpha$, put the instance x_i into data set M.

end for

续表

Step 2. Select the symmetrical distribution data：

　　a.Partition the data set X into k cluster $\{d_1, d_2, \cdots, d_k\}$, then choose the labeled data

　　in every cluster d_i and calculate their mean μ.

　　b.Select instance x_i from the data set M at random, then find the symmetrical

　　instance x_s of the instance x_i about mean μ.

for $x_j \in X = \{c_1, c_2, \cdots, c_m\} \cap x_j \neq x_i$**do**

　　Calculate the distance：$dis(x_j, x_s) = \sqrt{(x_{j1} - x_{s1})^2 + (x_{j2} - x_{s2})^2 + \cdots + (x_{j2} - x_{sn})^2}$

end for

　　c.Let $dis = \min(dis(x_1, x_s), dis(x_2, x_s), \cdots, dis(x_n, x_s))$, if $dis <= \beta$, we

　　consider the instance x_i and the instance x_j are symmetrical.

　　d.Put the instance x_i and the instance x_j with their label into the labeled

　　data set.

　　e.Repeat the above step a. ~ d., until there are no symmetrical data in the data

　　set M.

　　数据选择算法是本章提出的 SSLSH 算法关键的步骤，也是论文中的一个重要创新。利用数据选择算法对高置信度的数据进行筛选，挑选出那些置信度分数高且具有高斯对称分布的无标签数据，从而构建新的训练模型。表 5.2 是对 SSLSH 算法的伪代码描述。

5.4　实验结果与分析

5.4.1　实验数据准备

本章的实验主要包括两个部分:实验 1,测试本章提出的自增量学习算法的分类准确性,重点评估其在利用无标签数据改进学习器的有效性。实验 2,对算法在解决实际个性化推荐问题中的性能进行评估与分析。本节用到了两个数据集:UCI 数据集和 2012 KDD Cup Track1 腾讯微博数据集。关于本节用到的 UCI 数据集的信息见表 5.3,而腾讯微博数据集则在 4.4.1 节有详细的介绍。

表 5.3　UCI 数据集的信息

data set	attribute	size	class
autos	25	205	7
breast-cancer	9	286	2
breast-w	9	699	2
credit-a	15	695	2
iris	4	150	3
kr-vs-kp	36	3 196	2
lymph	18	148	4
segment	19	2 311	7
sonar	40	208	2

5.4.2　分类准确率实验

本节实验通过与传统的监督学习以及提升算法(Adaboost 算法)进行比较,评估本章提出的自增量学习算法在分类准确率上的性能。对于每一个数据集,将其随机划分为 60% 和 40% 两部分,分别作为训练数据集和测试数据集。然后训练数据集进一步划分为有标签数据集和无标签数据集,有标签数据集放入数据池 L 中,其他部分放入数据池 U 中。算法使用基于 K 近邻的置信度估计算法对无标签数据的预测标签进行度量,并将决策树(J4.8 decision trees)、朴素贝叶斯(Naïve Bayes)、支持向量机(SMO)作为基分类器。在本节的实验中,这些基分类算法都来自于weka 平台。详细的实验结果见表 5.4—表 5.12,为了更好地展示各种算法的性能,在表中针对每一数据取得的最好成绩用黑体加粗。

表 5.4　实验结果(在 20% 有标签数据下,决策树作为基分类器)

Data set	基分类器(J4.8 decision trees)			
	Supervised	Adaboost	Incremental	SSLSH
	Acc./%	Acc./%	Acc./%	Acc./%
autos	72.22	83.33	85.86	**88.23**
breast-cancer	73.68	89.47	87.26	**94.32**
breast-w	97.84	**99.28**	96.23	**99.28**
credit-a	90.58	**96.38**	92.68	95.65
iris	93.33	93.33	93.33	**95.67**
kr-vs-kp	97.34	**99.37**	96.32	**99.37**
lymph	82.76	**96.55**	89.36	92.32
segment	97.40	**98.48**	98.48	97.96
sonar	87.80	87.80	89.20	92.30

表 5.5　实验结果(在 40%有标签数据下,决策树作为基分类器)

Data set	基分类器(J4.8 decision trees)			
	Supervised	Adaboost	Incremental	SSLSH
	Acc./%	Acc./%	Acc./%	Acc./%
autos	72.22	72.22	76.56	85.33
breast-cancer	82.46	98.25	86.25	93.65
breast-w	99.28	100.00	99.28	99.28
credit-a	92.03	100.00	92.03	100.00
iris	96.67	100.00	97.65	98.63
kr-vs-kp	99.69	100.00	99.69	100.00
lymph	86.20	100.00	90.26	97.64
segment	98.92	100.00	99.07	100.00
sonar	97.56	100.00	98.32	100.00

表 5.6　实验结果(在 60%有标签数据下,决策树作为基分类器)

Data set	基分类器(J4.8 decision trees)			
	Supervised	Adaboost	Incremental	SSLSH
	Acc./%	Acc./%	Acc./%	Acc./%
autos	88.89	100.00	92.56	100.00
breast-cancer	75.44	96.49	86.25	98.51
breast-w	98.56	100.00	98.67	99.03
credit-a	92.03	100.00	92.03	95.36
iris	96.67	100.00	96.67	99.23
kr-vs-kp	99.84	100.00	100.00	100.00
lymph	89.66	100.00	91.29	99.22
segment	99.57	100.00	99.57	100.00
sonar	95.12	100.00	96.27	98.96

表 5.7　实验结果（在 20%有标签数据下,朴素贝叶斯作为基分类器）

Data set	基分类器（Naïve Bayes）			
	Supervised	Adaboost	Incremental	SSLSH
	Acc./%	Acc./%	Acc./%	Acc./%
autos	75.00	88.89	87.32	**91.23**
breast-cancer	75.44	87.72	87.96	**92.33**
breast-w	98.56	**99.28**	98.56	98.58
credit-a	86.23	95.65	91.29	**95.89**
iris	90.00	93.33	94.19	**95.67**
kr-vs-kp	87.95	92.96	91.24	**93.36**
lymph	**93.10**	**93.10**	90.52	**93.10**
segment	79.44	79.44	89.65	**91.76**
sonar	90.24	92.68	90.24	**93.53**

表 5.8　实验结果（在 40%有标签数据下,朴素贝叶斯作为基分类器）

Data set	基分类器（Naïve Bayes）			
	Supervised	Adaboost	Incremental	SSLSH
	Acc./%	Acc./%	Acc./%	Acc./%
autos	69.44	86.11	75.68	**92.69**
breast-cancer	71.93	77.19	72.32	**80.26**
breast-w	97.84	**100.00**	97.84	97.84
credit-a	78.26	84.06	80.60	**92.63**
iris	93.33	**100.00**	93.33	**100.00**
kr-vs-kp	87.32	93.43	90.32	**97.65**
lymph	82.76	96.55	95.13	**98.65**
segment	79.65	79.65	78.95	**92.63**
sonar	70.73	**97.561**	88.57	96.28

表 5.9　实验结果(在 60%有标签数据下,朴素贝叶斯作为基分类器)

Data set	基分类器(Naïve Bayes)			
	Supervised	Adaboost	Incremental	SSLSH
	Acc./%	Acc./%	Acc./%	Acc./%
autos	72.22	**80.55**	76.63	76.32
breast-cancer	70.18	71.93	73.23	**89.43**
breast-w	96.40	96.40	96.40	**98.20**
credit-a	80.43	89.13	88.66	**95.62**
iris	90.00	96.67	91.44	**98.57**
kr-vs-kp	87.64	**95.31**	89.33	**95.31**
lymph	82.76	89.66	87.31	**92.20**
segment	79.22	79.22	79.22	**89.11**
sonar	70.73	**100.00**	86.31	98.91

表 5.10　实验结果(在 20%有标签数据下,SMO 作为基分类器)

Data set	基分类器(SMO)			
	Supervised	Adaboost	Incremental	SSLSH
	Acc./%	Acc./%	Acc./%	Acc./%
autos	88.89	91.67	90.23	**93.56**
breast-cancer	84.21	89.47	87.38	**90.33**
breast-w	97.84	**98.56**	92.36	95.68
credit-a	94.93	97.83	97.83	**98.69**
iris	86.67	93.33	89.68	**94.26**
kr-vs-kp	95.31	**98.75**	96.32	97.56
lymph	93.10	93.10	92.16	**96.55**
segment	**89.61**	89.18	87.65	89.20
sonar	90.24	90.24	87.80	**92.68**

表 5.11　实验结果(在 40%有标签数据下,SMO 作为基分类器)

| Data set | 基分类器(SMO) | | | |
| | Supervised | Adaboost | Incremental | SSLSH |
	Acc./%	Acc./%	Acc./%	Acc./%
autos	91.67	97.22	86.32	**99.66**
breast-cancer	80.70	82.46	80.70	**92.63**
breast-w	97.84	**100.00**	97.84	98.32
credit-a	92.75	94.20	91.66	**98.19**
iris	90.00	86.67	90.00	**93.23**
kr-vs-kp	95.77	**98.59**	94.32	97.89
lymph	93.10	**100.00**	92.36	98.66
segment	91.56	91.56	91.56	**97.28**
sonar	92.68	**100.00**	92.23	94.23

表 5.12　实验结果(在 60%有标签数据下,SMO 作为基分类器)

| Data set | 基分类器(SMO) | | | |
| | Supervised | Adaboost | Incremental | SSLSH |
	Acc./%	Acc./%	Acc./%	Acc./%
autos	91.67	**97.22**	92.13	92.36
breast-cancer	77.19	73.68	70.32	**81.46**
breast-w	97.84	97.12	96.17	**99.23**
credit-a	86.96	**89.86**	86.96	87.32
iris	90.00	**96.67**	91.54	95.69
kr-vs-kp	96.08	97.97	95.59	**99.18**
lymph	96.55	**100.00**	93.37	98.21
segment	91.77	92.42	93.89	**96.68**
sonar	95.12	**100.00**	95.12	96.26

在本节的实验中,研究者选择了 3 种有监督学习算法作为参照(baseline),然后再利用 Adaboost 迭代算法产生更强的分类器。无论是有监督学习算法还是 Adaboost 算法,它们都仅仅利用有标签数据进行建模,而没有挖掘无标签数据的价值。传统的自增量学习通过在训练数据集中加入高置信度的无标签数据进行建模,但这种盲目的高置信度崇拜,也往往会导致对真实数据分布的错误估计。本章提出的 SSLSH 算法从高置信度数据中筛选出高斯对称分布的数据,从而最大可能地消除对数据潜在分布的错误估计。从表 5.4—表 5.12 的对比实验数据可以看出,通过对无标签数据使用,SSLSH 算法能有效地改进分类假设的性能。上述表 5.4—表 5.12 中的数据也表明,如果通过统计 4 种算法在 UCI 数据集上获胜的数目(4 种算法分别在每一数据集中取得的最好成绩),SSLSH 算法几乎总是能成为最后的赢家。

从表 5.4—表 5.12 中的数据分析,研究者可以得到这样的结论:①当利用决策树算法作为基分类器时,在 20%、40%、60% 下,SSLSH 算法分别赢得了 6 个、5 个、4 个数据集;②当利用朴素贝叶斯算法作为基分类器时,在 20%、40%、60% 下,SSLSH 算法分别赢得了 8 个、7 个、7 个数据集;③当利用 SMO 算法作为基分类器时,在 20%、40%、60% 下,SSLSH 算法分别赢得了 6 个、5 个、4 个数据集。上述的结论表明本章提出的 SSLSH 算法在利用无标签数据改进分类假设的性能方面是卓有成效的,特别是当利用朴素贝叶斯算法作为基分类器时,算法赢得了更多的数据集。

进一步从有标签数据集所占比例上分析表 5.4—表 5.12 中的数据,可以得出这样的结论:①当有标签数据集的比例是 20% 时,SSLSH 算法在 3 种基分类器下分别赢得了 6 个、8 个、6 个数据集;②当有标签数据集的比例是 40% 时,SSLSH 算法在 3 种基分类器下分别赢得了 5 个、7 个、5 个数据集;③当有标签数据集的比例是 60% 时,SSLSH 算法在 3 种基分类器下分别赢得了 4 个、7 个、4 个数据集。这说明,随着训练数据中有标签数据比例的上升,SSLSH 算法较其他算法的优势在减弱;这也进一步说明,当有标签数据较少时,SSLSH 算法利用无标签数据改进分类模型的性能更为显著。其也为解决在有标签数据稀少的情况下,提高模型性能提供了参考。

5.4.3　推荐实验结果及分析

本节实验的主要任务是评测本章提出的自增量学习方法在推荐中的应用效果。实验用到的数据集是 2012 KDD Cup Track1 的腾讯微博数据,实验中对数据的预处理、模型的构建以及评测方法都和第 4 章相同,这里就不一一赘述。

将腾讯微博的数据按 60% 和 40% 的比例随机分成两个部分,分别作为本节实验的训练数据和测试数据。图 5.5—图 5.7 是在腾讯微博离线数据集上,基于 ItemCF 的方法和各种分类算法得到的推荐结果。

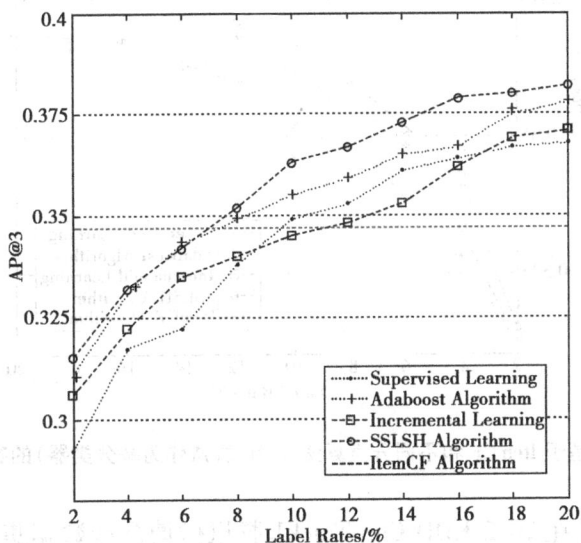

图 5.5　基于 ItemCF 和不同分类算法(贝叶斯算法作为基分类器)的实验结果

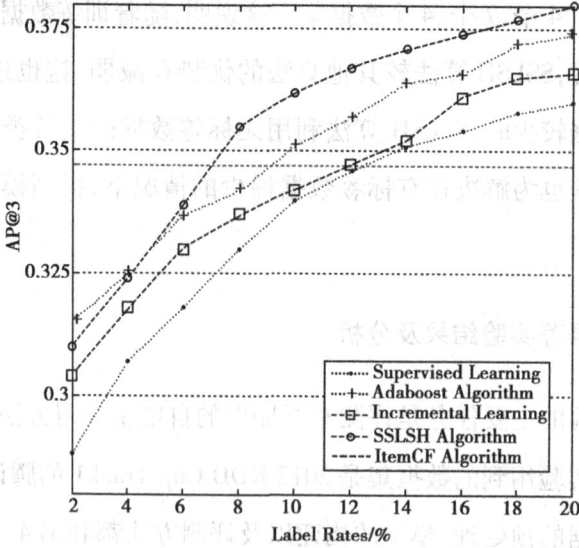

图 5.6　基于 ItemCF 和不同分类算法（决策树算法作为基分类器）的实验结果

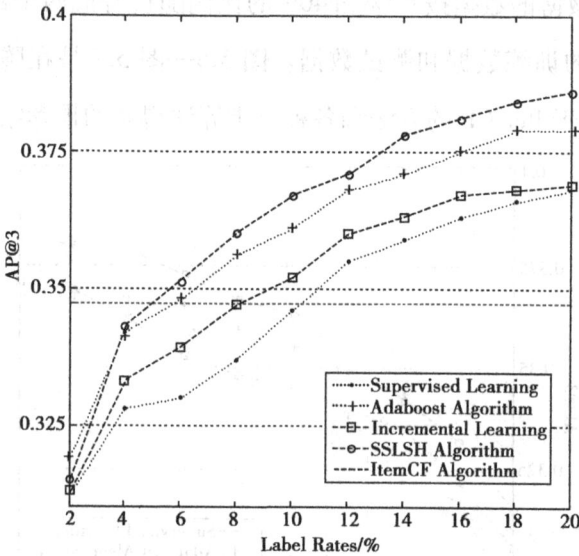

图 5.7　基于 ItemCF 和不同分类算法（SMO 算法作为基分类器）的实验结果

　　图 5.5 是在 2012 KDD Cup Track1 腾讯微博离线数据集上获得的实
验结果。从图中的走势来看,当有标签数据的比例大于 10% 时,基于各种分类算法得到的推荐结果都明显高于 ItemCF 算法得到的推荐结果,这也充分说明了在少量有标签数据的指导下,基于分类策略的推荐算法在解决该任务上的有效性。进一步比较利用各种分类算法在解决腾讯微博推荐任务上的实验性能,研究者发现当有标签数据的比例高于 8%时,本章提出的 SSLSH 算法取得了较其他分类算法较好的结果,且其实验结果也一直好于基于 ItemCF 方法的实验结果。

分析图 5.6 和图 5.7 中的实验数据,几乎可以得出与图 5.5 相似的结论,这也表明了本章提出的 SSLSH 算法在解决腾讯微博推荐任务上的有效性。更进一步分析上述 3 幅图中的实验结果,研究者也发现相较利用贝叶斯和决策树作为各种分类策略的基分类器,当利用 SMO 作为基分类器时,推荐结果表现出了最好的性能。同时,图 5.7 中的实验结果也表明,在有标签数据的比例高于 4%时,利用本章提出的 SSLSH 算法进行推荐系统建模,获得的实验结果一直优于其他算法。

本章小结

本章提出利用自增量学习方法解决推荐系统中有标签数据不足的问题,首先对自增量学习的策略以及传统基于高置信度估计的自增量学习存在的问题进行了详细分析,引出了本章提出的基于高斯对称分布的自增量学习推荐方法;然后重点对 SSLSH 算法中的两个关键步骤置信度估计与数据选择算法进行了详细的阐述;最后利用 UCI 数据集和 2012 KDD Cup Track1 腾讯微博数据集,分别从算法的准确率和推荐结果两个方面对 SSLSH 算法进行评估,并对推荐模型的构建与实验结果都进行了详细的论述与分析。

　　传统的推荐方法在利用用户行为信息和物品内容信息实现个性化推荐时，常采用混合推荐的方法。具体策略就是利用基于协同过滤的推荐方法计算用户行为的相似度，利用基于内容的推荐方法对物品的内容信息进行建模，然后将这两个推荐结果按照一定的原则进行组合，进而产生最终的推荐列表。

　　在组合方式的选择上主要包括：加权、变换、混合、特征组合、层叠、特征扩充、元级别，但组合策略的制订是一个棘手的问题。如①利用加权的组合方式，要求将基于内容的推荐结果和基于协同过滤的推荐结果设置成不同的比重，然后累加得到最终的推荐结果，但比重的权衡因子如何确定没有一个确切的答案；②利用变换组合方式，推荐系统根据问题背景和实际情况变换不同的推荐策略，由于推荐系统中存在多种推荐技术，但每次只能根据具体的环境采取其中的一种策略，实际情况下推荐策略的选择没有确切的标准。同样，在利用其他组合方式时，也存在着诸多问题。

在第 4、第 5 章中提出了利用机器学习的分类模型对用户与物品的关联兴趣进行建模。在构建特征向量时,综合考虑了用户行为信息与物品内容信息,但在特征向量生成时,没有考虑用户行为特征与物品内容特征的权重,更多的时候是将二者均衡对待,但从实际分析表明,二者在分类模型中的权重应该是不同的。基于此,本章提出了基于图模型和数据一致性的半监督推荐算法(Graph-based Semi-Supervised Learning with Data Consistency,GSSLC 算法),其可通过 SELF 等方法计算权衡因子。基本思想是:根据用户的行为信息构造基于最近邻图的权重矩阵,且利用 Sigmoid 映射函数来度量两个用户的兴趣度;在算法的损失函数中包括用户行为相似性约束和物品内容相似性约束,且这两部分的约束由一个平衡因子权衡。

6.1　图模型的相关研究

6.1.1　图上的半监督学习

基于图的半监督学习(Graph-Based Methods)方法利用有标签数据和无标签数据构建最近邻图,并且利用图上的邻接关系将标签信息从有标签数据点向无标签数据点传播。

图 6.1 描述了基于图的学习方法的标签传播,其中浅灰色和黑色结点分别表示不同类别的有标签数据,空心结点表示无标签数据。

基于图的半监督学习算法的基本思想就是用一个图来表示整个数据集(有标签数据和无标签数据),其中图中结点表示数据点,点与点之间存在着边并被赋予权重,权重代表点与点之间的相似度,相似度越大则权

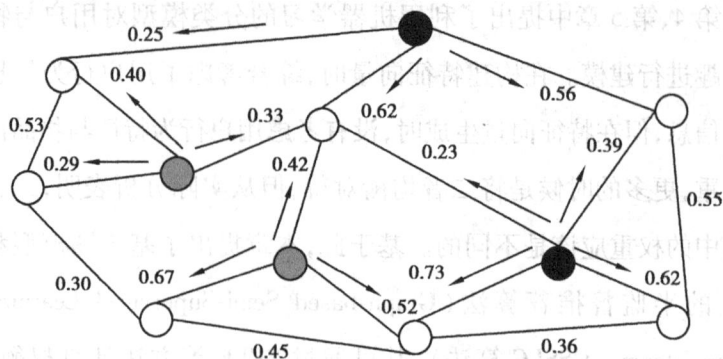

图 6.1 基于图方法的标签传播示意图

重越大,如果两点间不存在边,则两点间的相似度为零。

通常定义一个图 $g = <V, E>$,其中 V 表示数据结点的集合,w_{ij} 表示边 $e = (i, j)$ 的权重,且有 $w_{ij} = w_{ji}$。于是可得到图 g 的权重矩阵 W,其中

$$W_{ij} := \begin{cases} w(e) = w_{ij} & if \quad e = (i, j) \in E \\ 0 & otherwise \end{cases} \qquad (6.1)$$

由式 6.1 可得出,W 是一个对称矩阵。定义图中结点的度数为与该结点相连的所有边的权值之和,即 $D_{ii} := \sum_j w_{ij}$,则可得到所有结点度数构成的对角矩阵 D,进而得到图的拉普拉斯(Laplacian)矩阵。图的拉普拉斯矩阵有两种形式:一种是非归一化图的拉普拉斯矩阵 $S = D - W$;另一种是归一化的拉普拉斯矩阵 $S = D^{-\frac{1}{2}} W D^{-\frac{1}{2}}$,其中 I 是单位矩阵。

基于图的半监督学习算法流程几乎都是类似的,通过建立优化目标或代价函数(cost function),然后利用各种最优化方法进行求解,使目标函数最小化。一个经典的例子就是局部一致的半监督学习算法。在监督学习中,通常只利用有标签数据,模型转化为式 6.2 这样的优化问题。

$$f' = \text{argmin} \frac{1}{m} \sum_{i=1}^{m} l(x_i, y_i, f) + \lambda \|f\|^2 \qquad (6.2)$$

式 6.2 中的目标函数分为两部分,第一部分是损失函数

（loss function），第二部分是衡量函数光滑程度的正则因子。半监督学习则可以同时利用有标签数据和无标签数据进行学习，对于有标签数据，可以利用与监督学习中一样的损失函数来定义目标函数；而对于无标签数据，则在正则因子中考虑。根据局部一致性假设，学习函数在数据分布的一个局部上是平滑的。如用邻接矩阵 W 表示邻接图，其中如果 x_i 和 x_j 相连，则 $w_{ij}=1$，否则 $w_{ij}=0$。那么在这一假设下，一个合理的约束就是使式 6.3 的值最小化。

$$\sum_{i,j=1}^{n} W_{ij} \left[f(x_i) - f(x_j) \right]^2 \tag{6.3}$$

通过在目标函数（式 6.2）上添加一个数据相关的正则项（式 6.3），就可实现具有局部一致性特性的半监督学习算法，其目标函数如式 6.4：

$$f' = \arg\min \frac{1}{m} \sum_{i=1}^{m} l(x_i, y_i, f) + \lambda \; \|f\|^2 +$$

$$\sum_{i,j=1}^{n} W_{ij} \left[f(x_i) - f(x_j) \right]^2 \tag{6.4}$$

针对基于图的半监督学习算法，研究人员做了大量的工作。如最小切割图（graph mincuts）[167,168]、直推式图学习算法（graph transductive learning）[169]、高斯随机场调和函数（Gaussian random fields and harmonic functions）[171]、流行正则化框架（manifold regularization framework）[172,173]。这些方法的一个共同点是在分类函数与平滑函数正则项之间提供一个权重因子。在构造分类函数时，最常用的建模方式就是用数据构造一个邻接图。邻接图主要分为两种：一种是 KNN 图，是将每个点与离它最接近的 k 个点连接起来而构成；另一种是 ε 图，是将与每一个点的距离小于 ε 的点连接起来。此外，最近也提出了几种新的最近邻图的构造方法。如 Jebara 等提出了一种 b-Matching 方法[174]，其可保证图中的每个点有相同数目的边，并且能够生成一个平衡的正则图。Cheng 等提出了一种 ℓ^1-Graph 的方法[175]，图中的顶点包含了所有的数据，而新加入的顶点的

边权重表示它的 $\ell^1\text{-}norm$，它是利用剩余的数据以及噪声数据重新进行构建。

在上述方法中，图中的每一个结点都对应着一个有标签数据和一个无标签数据，这些方法大致可分为两类：无监督的方法和监督的方法。无监督的方法在构建图的时候没有利用有标签数据的标注信息，这将会导致噪声消除和参数选择的质量严重依赖于所解决的问题[176,177]；监督的方法利用数据标签来优化图的结构，更好地适应了分类任务，但是领域图的假设空间太受限制，这可能导致最优图结构被排除在假设空间之外[178]。为了应对上述挑战，本章提出了基于图与数据一致性的半监督算法（GSSLC 算法）。在图的构建方法上，不仅利用了有标签数据与无标签数据的局部几何特征，同时也考虑了有标签数据的类别信息。同时，数据一致性也意味着当有标签数据与无标签数据增长到无穷大时，模型假设能收敛到最优解。总结本章所提出的 GSSLC 算法主要贡献如下：

①在图的构建方法上，既考虑了有标签数据和无标签数据的局部几何特征，也考虑了有标签数据的类别信息，从而保证了具有相同类别标签的数据是聚合的，最后使用了映射函数来度量两个数据点之间的相似度。

②在模型假设的目标函数中，定义的损失函数包括了两个部分：平滑约束（smoothness constraint）和拟合约束（fitting constraint），并且这两个部分之间通过参数 μ 来权衡，这种策略保证了分类函数不会与初始的类别标签估计偏离太多，而近邻数据间也是平滑的。另外，在算法中使用了归一化拉普拉斯特征向量，这将确保损失函数有一个封闭解，最后提供了对算法的收敛性证明。

6.1.2　基于图的推荐模型

基于图的模型（graph-based model）是推荐系统中的重要内容，很多研究者也把基于领域的模型称为基于图的模型。常用的基于图模型的推荐策略是将用户行为数据表示成图的形式。这些用户行为数据由一系列二元组组成,每个二元组(u,i)表示用户u对物品i产生过行为,这样数据集就很容易用一个二分图表示。

令$G(V,E)$表示用户物品的二分图,其中$V=V_U \cup V_I$由用户顶点集合V_U和物品顶点V_I集合组成。对于数据集中的每一个二元组(u,i),图中都有一条对应的边$e(v_u,v_i)$,其中$v_u \in V_U$是用户u对应的顶点,$v_i \in V_I$是物品i对应的顶点。图 6.2 描述了一个简单的用户物品二分图模型,其中圆形节点代表用户,方形节点代表物品,它们之间的边代表用户对物品的行为。

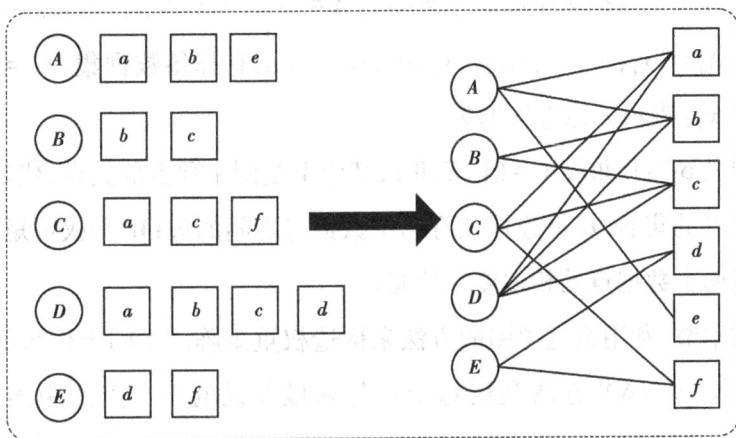

图 6.2　用户物品二分图模型

将用户行为表示成二分图模型后,就可以实现在二分图上对用户进行个性化推荐。常用的个性化推荐策略是将给用户u推荐物品的任务转化为度量用户顶点v_u和顶点v_i在图上的相关性,相关性越高的物品在推荐列表中的权重就越高。针对利用图模型进行个性化推荐的策略,研究者们设计了很多顶点相关性的方法,这些方法大多是基于顶点的相似度计算,而本章设计了 GSSLC 算法来实现个性化推荐。与基于二分图模型的推荐方法不同,GSSLC 算法不是通过计算用户与物品之间的相关性来产生推荐,而是在模型的目标函数中同时考虑这两部分属性特征,并用一个平衡因子 μ 进行权衡,进而实现对目标函数的求解。

6.2　GSSLC 算法的描述

6.2.1　图的构建

定义 6.1:数据集中的 n 个数据点 $X=\{x_1,\cdots,x_l,x_{l+1},\cdots,x_n\}\in\mathbf{R}^n$,这里假定 $X_L=\{x_1,x_2,\cdots,x_l,y_1,y_2,\cdots,y_l)\}$ 表示有标签数据集,$X_U=\{x_{l+1},x_{l+2},\cdots,x_n\}$ 表示无标签数据集。

定义 6.2:权重图 $G=(V,E,W)$,其中 V 是图中顶点的集合,代表着所有数据点的集合;E 是连接任意两个数据点之间的边;W 是权重矩阵,它用任意两个数据点的相似度来填充。

在本节,利用最近邻图的方法来构造权重矩阵。不同于传统的最近邻图方法,如 kNN 方法利用每个点与它最邻近的 k 个点的距离度量;εNN 方法利用半径 ε 范围内的点进行度量。本节制订的最近邻图权重矩阵利用了 kNN 的方法,并综合利用了 Sigmoid 函数。

定义 6.3:Sigmoid 函数为 $g(z)=\dfrac{1}{1+\exp(-z)}$,当 $z\in(0,+\infty)$ 时,$g(z)\in\left(\dfrac{1}{2},1\right)$。研究者定义映射函数 $\varphi(x_{i\to j})=\dfrac{1-\exp(-\|x_1-x_2\|^2)}{1+\exp(-\|x_1-x_2\|^2)}$,其中 $\|x_i-x_j\|^2$ 是两个数据点 x_i 和 x_j 间的距离度量。因此,映射函数的取值范围 $0<\varphi(x_{i\to j})<1$。近邻图的权重矩阵构建规则如下:

Case 1：x_i *is among k-nearest neighbors of* x_j

　　　　or x_j *is among k-nearest neighbors of* x_i

　　　　and $y_i = y_j (i,j \leq L)$

$w_{ij} = \varphi(x_{i \to j})[1 + \varphi(x_{i \to j})]$;

Case 2：x_i *is among k-nearest neighbors of* x_j

　　　　or x_j *is among k-nearest neighbors of* x_i

　　　　and $y_i \neq y_j (i,j \leq L)$

$w_{ij} = \varphi(x_{i \to j})[1 - \varphi(x_{i \to j})]$;

Case 3：x_i *is among k-nearest neighbors of* x_j

　　　　or x_j *is among k-nearest neighbors of* x_i

　　　　and $\{i > L, j > L\}$

$w_{ij} = \varphi(x_{i \to j})$;

Case 4：*otherwise*

$w_{ij} = 0$.

在以上规则（Case 1-Case 4）中，$\varphi(x_{i \to j})$ 代表着局部相似度，$1 + \varphi(x_{i \to j})$ 和 $1 - \varphi(x_{i \to j})$ 分别表示类内（within-class）相似度和类间（without-class）相似度。对于无标签数据（Case 3），权重就是局部相似度；而对于有标签数据，边的权重可以被看作是局部相似度和类内（类间）相似度的线性组合。研究者也可以发现，当两个数据点之间的距离相等时，类内的相似度明显大于类间的相似度，其物理解释就是具有相同类别标签的数据比具有不同类别标签的数据有更大的相似度。

从物理意义上解释上述规则的合理性：①由 $0 < \varphi(x_{i \to j}) < 1$，如两个数据点间距离（$\|x_i - x_j\|^2$）的越小，则 $\varphi(x_{i \to j})$ 和 $\varphi(x_{i \to j})[1 + \varphi(x_{i \to j})]$ 的值就越大，那就意味着具有相同类别标签的数据（如 Case 1）或者无标签数据（如 Case 3）数据间具有更大的相似度。当 $\varphi(x_{i \to j}) = 0.5$ 时，$\varphi(x_{i \to j})$

$[1-\varphi(x_{i\to j})]$达到最大值,意味着当数据的类别标签不同时,如两点间的距离越小,则相似度越小(如 Case 2)。

6.2.2 算法推导及伪代码描述

基于图的半监督学习方法通常假设图上的类别标签是平滑的,大多数方法都可以看作是在图上对函数 f 的一个假设估计[141]。通常函数 f 应该满足以下两个条件:①函数 f 的估计值应该接近有标签数据结点上的类别标签 y_L;②函数 f 在整个图的结构上应该是平滑的。上述条件通常用一个正则化框架进行表达,正则化框架函数则包括两个部分:第一部分是损失函数,第二部分则是衡量函数光滑程度的正则因子。

定义 6.4:一个 $n×c$ 的非负矩阵 F,它用数据集 X 中每个样本 x_i 的类别标签估计值进行填充。如非负矩阵中 F_{ij} 的值就是第个 i 数据样本属于第 j 个类别的概率。

定义 6.5:一个 $n×c$ 的非负矩阵 $Y \in F$。在此矩阵中,如果数据点 x_i 被标注为 $y_i=j$,则 $Y_{ij}=1$;否则 $Y_{ij}=0$。

损失函数可以定义如式 6.5 所示:

$$\phi(F) = \frac{1}{2}\Big[\sum_{i,j=1}^{n} W_{ij}\big(D_{ii}^{-\frac{1}{2}}F_i - D_{jj}^{-\frac{1}{2}}F_j\big)^2 + \mu \sum_{i=1}^{n}\big(F_i - Y_i\big)^2\Big] \quad (6.5)$$

在式 6.5 中 $\mu>0$,其表示正则化参数。目标函数可表示为求解式 6.6:

$$F^* = \underset{F}{\mathrm{argmin}}\phi(F) \quad (6.6)$$

在式 6.5 的损失函数中,第一项表达式 $\sum_{i,j=1}^{n} W_{ij}\big(D_{ii}^{-\frac{1}{2}}F_i - D_{jj}^{-\frac{1}{2}}F_j\big)^2$ 表示拟合约束,其保证了一个好的分类函数不会与初始的类别标签分配偏离太多;第二项 $\sum_{i=1}^{n}\big(F_i - Y_i\big)^2$ 是平滑约束,其保证了分类函数的预测结果不应该和近邻数据偏离太多。参数 μ 是一个平衡因子,权衡函数中这两个表达项的权重。

下一步的工作就是通过求解损失函数 $\phi(F)$ 的最小值来估计目标函数 F^* 的值。对 $\phi(F)$ 求偏导数得：

$$\left.\frac{\partial\phi(F)}{\partial F}\right|_{F=F^*} = F^* - SF^* + \mu(F^* - Y) \tag{6.7}$$

在式 6.7 中，$S=D^{-\frac{1}{2}}WD^{-\frac{1}{2}}$。其中 D 是一个对角矩阵，它的第 (i,i) 个元素等于矩阵 W 中第 i 行元素的和。令：

$$F^* - SF^* + \mu(F^* - Y) = 0 \tag{6.8}$$

因为 $0<\mu<1$，则 $1+\mu\neq0$。式 6.8 可以转变成：

$$F^* - \frac{1}{1+\mu}SF^* - \frac{\mu}{1+\mu}Y = 0 \tag{6.9}$$

再引入两个变量：

$$\alpha = \frac{1}{1+\mu},$$

$$\beta = \frac{\mu}{1+\mu}$$

由于 $\alpha+\beta=1$，那么则有：

$$(I - \alpha S)F^* = \beta Y \tag{6.10}$$

由于矩阵 $I-\alpha S$ 是可逆的，则可有：

$$F^* = \beta(I - \alpha S)^{-1}Y \tag{6.11}$$

式 6.11 的求解结果就是目标函数的封闭解表达式，下一步的工作就是设计一个算法对目标函数进行求解，使得 $F^* = \beta(I-\alpha S)^{-1}Y$。本章设计了一个基于图和数据一致性的算法（GSSLC 算法）来求解目标函数的解表达式，其伪代码描述见表 6.1。

在 GSSLC 算法中，权重矩阵 W 是规则化对称的，它是算法中迭代到收敛的必要条件。从算法的第三个步骤看，迭代过程中非负矩阵 F 不仅依赖于其邻居（第一部分），也保留其初始信息（第二部分）。参数 μ 是一个平衡因子，其表示了上述两部分因素的权重。

表 6.1　GSSLC 算法的伪代码描述

GSSLC Algorithm($L, U, Learn$)

Input : L : labeled data

   U : unlabeled data

   Learn : Learning algorithm

Output : Y (the label y_i)

---

1) Initialization

 a. Construct the affinity matrix W.

 b. Initialize a matrix Y according to the labeled data.

 c. Initialize a matrix F with $F(0) = Y$.

2) Construct the matrix $S = D^{-\frac{1}{2}} W D^{-\frac{1}{2}}$ where D is a diagonal matrix with $D(i,i) = \sum_{j=1}^{n} w_{ij}$

3) Repeat until convergence : {

 $F(t+1) = \alpha S F(t) + (1-\alpha) Y$

 Where $\alpha \in (0,1)$

 }

4) Label each instance x_i with the label $y_i = \underset{j \in \{1,2,\cdots,c\}}{\operatorname{argmin}} F_{ij}^*$, and return y_i.

6.2.3　算法收敛性证明

在 GSSLC 算法中,是通过对方程式 $F(t+1) = \alpha S F(t) + (1-\alpha) Y$ 的不断迭代,直至获得使表达式 $\phi(F)$ 取得最小值时 F 的值,即 $F^* = \underset{F}{\operatorname{argmin}} \phi(F)$ 。

根据方程式的递推公式可得:

$$F(t) = (\alpha S)^{t-1} Y + (1-\alpha) \sum_{i=0}^{t-1} (\alpha S)^i Y \qquad (6.12)$$

由于 $0<\alpha<1$，特征值 $S \in [-1,1]$，因此可得：

$$\lim_{t \to \infty} (\alpha S)^{t-1} = 0 \qquad (6.13)$$

$$\lim_{t \to \infty} \sum_{i=0}^{t-1} (\alpha S)^i = (I - \alpha S)^{-1} Y \qquad (6.14)$$

由式 6.12、式 6.13、式 6.14 可得：

$$F^* = \lim_{t \to \infty} F(t) = (1 - \alpha)(I - \alpha S)^{-1} Y \qquad (6.15)$$

又由于 $\beta = 1-\alpha$，则有：

$$F^* = \lim_{t \to \infty} F(t) = \beta (I - \alpha S)^{-1} Y \qquad (6.16)$$

式 6.16 的结果刚好就是式 6.11 所求解（利用偏导数方法求解）的结果。这就证明了本节设计的算法可以收敛到使 $F^* = \underset{F}{\arg\min} \phi(F)$，算法的收敛性得证。

6.3　实验结果与分析

6.3.1　实验数据准备

本节用到的数据集是 2012 KDD Cup Track1 腾讯微博的数据集，其详细信息在第 4 章 4.4.1 节有详细的介绍，这里就不一一赘述。

本节的实验目的包括两个部分：第一个实验是参数选择实验，由于本章提出的 GSSLC 算法用 KNN 方法构建最近邻图，因此算法中包含了一个参数 K；同时算法中还包含一个平衡因子 μ。第二个实验是基于图模型方法的推荐效果实验，用于评估本章提出的方法在解决实际个性化推荐问题上的有效性。

6.3.2 参数选择

在 GSSLC 算法中,对平衡因子 μ 的选择是通过经验来决定。根据 SELF 方法[179]平衡因子被设置为 $\mu=0.1:0.1:1$,对参数 μ 的优化是通过十折交叉验证的方法[180]。在实验中,参数 k 通常被设置为 $k=(1,2,3,4,5,6)$,其表示在构建结构图时只考虑每个数据点的 k 个最近邻数据。

图 6.3 和图 6.4 描述了在不同的参数 k 和参数 μ 下,GSSLC 算法在 2012 KDD Cup Track1 腾讯微博数据集上的准确率。从图 6.3 和图 6.4 的结果可以看出,在参数 k 和参数 μ 不断变化的情况下,GSSLC 算法的性能是相对稳定的,并且当参数 μ 的值在 0.3 附近时,算法的准确率达到最高。

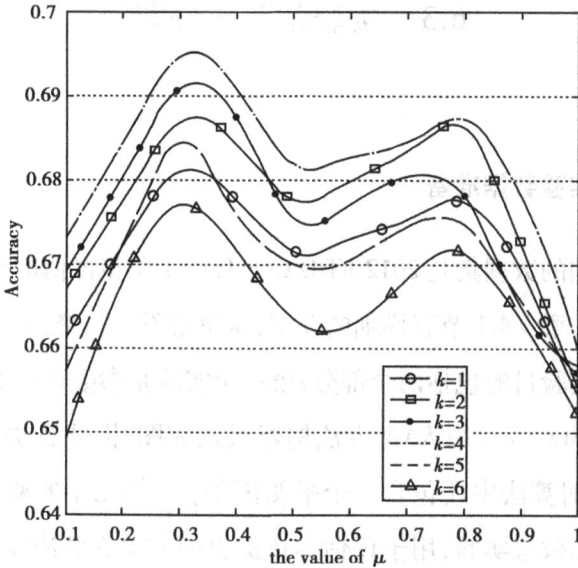

图 6.3　在 10% 的有标签数据下,GSSLC 算法的准确率

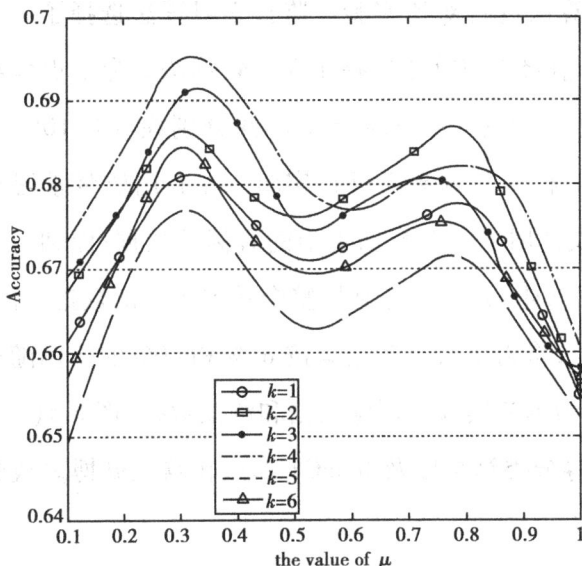

图 6.4　在 20% 的有标签数据下, GSSLC 算法的准确率

6.3.3　推荐实验及分析

本节实验的主要任务是评测本章提出的基于图模型的方法在推荐系统中的应用效果。实验用到的数据集是 2012 KDD Cup Track1 腾讯微博数据集,实验中对数据的处理、模型的构建以及评测方法也和第 4 章一样,这里就不一一赘述。

与普通的基于二分图模型的推荐方法不同,本章提出的基于图模型的推荐方法,不是基于计算用户与物品之间的相关性来产生推荐,而是在模型的目标函数中同时考虑这两部分的属性特征,并用一个平衡因子 μ 进行权衡。通过对目标函数的求解,进而利用分类模型的预测来产生推荐列表。

本节中为了更好地展示本节提出的 GSSLC 算法在物品推荐上的效果,研究者选择了几个传统的监督学习算法和半监督学习算法,同时也考虑了 ItemCF 算法进行对比实验。监督学习算法选择了 KNN（IBN）和 SMO 算法；半监督学习算法选择了 TSVM 算法。为了更详细地评估算法的性能，设置 $k=(1,2,3,4,5,6)$，并分别在 5%、10%、15%、20%、25%、30% 的有标签数据集下进行实验。在利用监督学习算法（KNN，SMO）时，仅仅使用了整个数据集中的有标签数据；而利用半监督学习算法（TSVM，GSSLC）时，充分利用整个数据集中的数据。同时，在实验数据的准备上，将腾讯微博数据集按 60% 和 40% 的比例随机分成两个部分，分别作为本节实验的训练数据和测试数据，图 6.5（（a）—（f））是利用 GSSLC 等分类算法以及 ItemCF 算法在腾讯微博离线数据集上得到的实验结果。

从图 6.5 中的实验数据看，本章提出的 GSSLC 算法在解决腾讯微博推荐任务上取得了相较其他算法较好的结果。如在子图（a）中，当 $k>2$ 时，GSSLC 算法的实验结果总是优于其他分类算法，也优于基于内容的协同过滤算法（ItemCF）；且当 $k=3$ 时，GSSLC 算法获得了最好的实验效果。在子图（b）—（f）中，几乎也可以得出与子图（a）相似的结论，这表明了本章提出的 GSSLC 算法在解决腾讯微博推荐任务上的有效性。

分析图（a）—（b）中的数据，当有标签数据的比例小于 10% 时，且在 $k=1,2$ 时，GSSLC 算法的性能低于 TSVM 算法的性能；但随着 k 值的增大，GSSLC 算法也取得了较其他算法较好的成绩。这说明 GSSLC 算法在利用无标签数据改进算法性能上是有效的。而当有标签数据的比例大于 10% 时，GSSLC 算法在解决腾讯微博推荐任务上都获得了较其他算法较好的成绩，且其实验结果也一直优于基于 ItemCF 算法的实验结果。这也表明了本书试图利用推荐物品的标签信息以及文本关键词信息改进推荐系统性能是有效的。

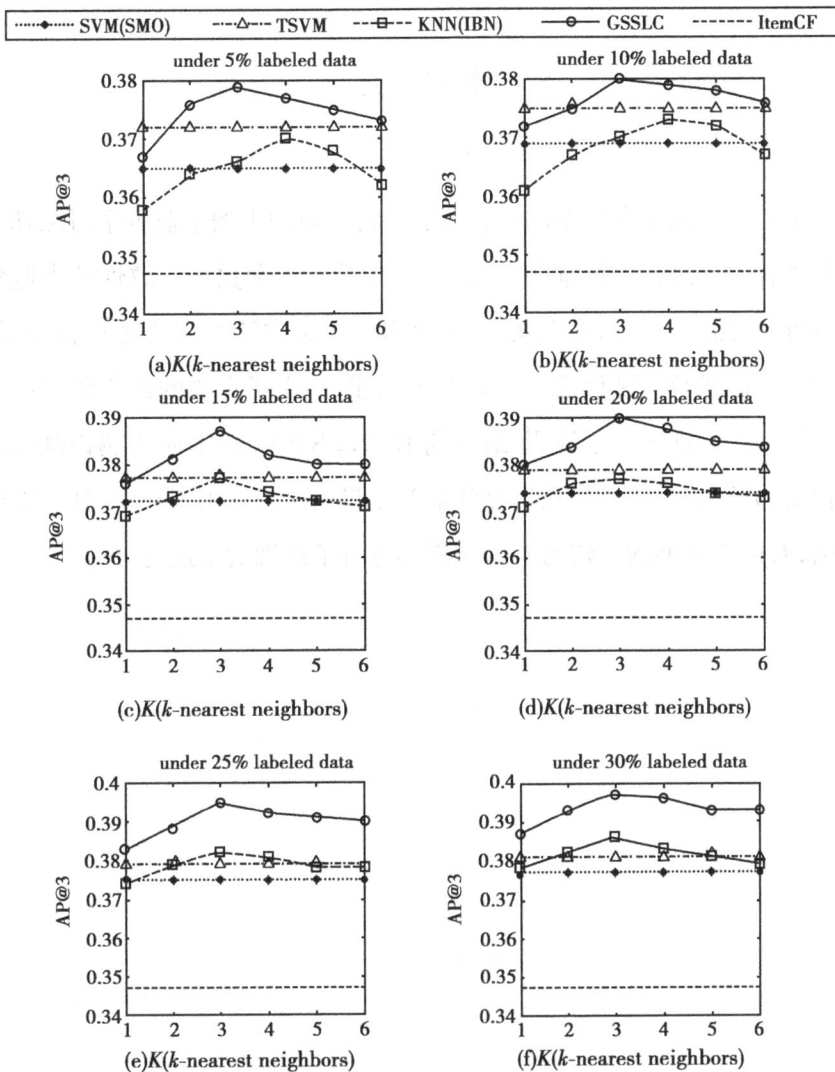

图 6.5　在 $\alpha = 0.3$ 且 $k = (1,2,3,4,5,6)$ 下，

基于 ItemCF 和不同分类算法的实验结果

本章小结

　　本章提出基于图模型的推荐方法。首先对图上的半监督学习和基于图的推荐方法进行了详细的阐述,提出了基于图和数据一致性的半监督推荐方法;然后重点对本章提出的 GSSLC 算法中涉及的关键步骤:图的构建与目标函数的制订进行了详细的论述,给出了算法的伪代码描述并对算法的收敛性进行了证明;最后利用 2012 KDD Cup Track1 腾讯微博的数据集,分别从算法的参数选择和推荐结果两个方面对 GSSLC 算法进行评估,对推荐模型的构建与实验结果都进行了详细的论述与分析。

第 **7** 章
结论与展望

7.1 结 论

个性化推荐技术作为一种解决信息超载问题的最有效工具,与传统的搜索引擎相比,它不需要用户主动提供关键词,能够在用户没有明确目的时,帮助他们寻找感兴趣的信息。随着近年来电子商务和社交网络的迅速发展,作为其核心组成部分的个性化推荐就显得越发重要了。

半监督学习作为一种通用的机器学习方法在数据挖掘、自然语言处理等诸多领域都有着广泛的应用,并显示了其独特的优越性。针对传统的推荐方法在挖掘物品内容信息与用户标签信息上的不足,本书提出了利用半监督学习的方法实现个性化推荐。总结本书的工作,主要研究成果包括下述几个方面。

①阐述了推荐系统以及半监督学习的相关研究综述,分析了近年来推荐系统研究方面的相关研究成果,并从推荐系统几种主流的研究方法出发,介绍了实现物品推荐的基本策略。在半监督学习方面,介绍了当前5种主流的半监督学习方法,针对当前推荐方法主要利用用户的行为数据,而对物品的内容信息很少涉及的现实,提出了利用半监督学习的方法实现真正的基于用户行为信息与物品内容信息的个性化推荐。

②提出了基于距离度量与高斯混合模型的聚类推荐方法。传统的基于用户的协同过滤算法是利用用户的兴趣偏好相似性来产生推荐,常用的相似度计算方法包括:向量夹角、弦皮尔逊相关系数(Pearson Correlation Coefficient)等。这些方法都是利用单一的方式进行用户兴趣相似度的计算,通常的做法是将少量几种预测因素组合成单个模型,以便在模型预测时考虑多方面的因素。因此,本书提出利用聚类分析的方法替代用户兴趣的相似度计算,且综合考虑了用户行为偏好和物品内容信息。具体在聚类分析中,算法不仅考虑了数据的几何特征,也兼顾了数据的正态分布信息。

③提出了基于主动学习和协同训练的推荐方法。基于内容的推荐技术是通过分析物品的文本信息进行推荐,但在分析用户偏好信息时发现,相对互联网存在大量的 item 信息,用户日志中 item 信息总是少量的,这对于发现用户潜在的兴趣偏好非常不利。因此,本书提出了基于主动学习和协同训练的半监督个性化推荐算法,挖掘那些具有最大信息量的 item(根据主动学习的思想,这些最大信息量的 item 是对分类结果影响最大的数据),将其作为反馈信息询问用户的感受或评价,以提高个性化推荐的质量。

④提出了基于高斯对称分布的自增量学习推荐方法。利用主动学习的方法进行个性化推荐的策略,虽然一定程度上增加了训练模型的样本

空间,但通过咨询方式或通过领域专家标注的方式,或加重了用户的负担,或增加了人力成本,同时获取的标签信息终是少量的。因此,提出了基于高斯对称分布的自增量学习推荐方法,充分利用了大量的无用户标签信息的数据,并结合少量的有用户标签的数据建模。在算法中,挑选具有高置信度且高斯对称分布的数据进行增量学习,以改进个性化推荐的质量。

⑤提出了基于图模型的推荐方法。在基于混合的推荐中,按照一定的原则对基于内容和协同过滤的推荐结果进行组合,但在组合方式和策略的选择上存在着问题。如加权组合的比重设置,根据具体情况选择推荐策略等。而利用机器学习建模的方法,在生成特征向量时,不易衡量用户行为特征与物品内容特征的权重。本书提出的基于图模型的半监督推荐方法,可以通过 SELF 等方法计算权衡因子。它依据用户的行为信息,构造基于最近邻图的权重矩阵,且利用 Sigmoid 映射函数来度量两个用户的兴趣度;在算法的损失函数中包括用户行为相似性约束和物品内容相似性约束,且这两部分的约束由一个平衡因子权衡。

7.2　展　望

本书通过对机器学习中监督学习方法的研究,充分挖掘推荐系统中的用户标签信息,提出了几种改进学习性能的半监督学习方法,并将其应用到个性化推荐问题中,有效地提高了推荐系统的性能。本书的研究工作虽然取得了些许成果,但仍存在未解决或亟待改进的问题,需要在今后的研究中进行后续延伸和提高,具体体现在下述几个方面。

①实现个性化推荐最理想的情况是用户能在注册的时候主动告之他

喜欢什么。其核心就是利用自然语言处理技术理解用户用来描述兴趣的自然语言,但由于自然语言处理领域本身发展的问题,研究者还不能真正实现对用户偏好的自然语言深层次的语义理解,而本书对内容信息的挖掘也仅仅到文本内容关键词的程度。

②个性化推荐系统的评价问题。常用的对推荐系统的评价包括:离线实验、用户调查、在线实验等。但由于实验条件和个人精力的限制,本书对推荐系统的评价也仅仅局限于利用离线数据集进行离线评测。具体到评测指标,像用户的满意度、多样性、新颖性、惊喜度、信任度等都无从实施,而仅仅从算法的准确度一个方面进行评测。因此,对本书提出的推荐算法还缺乏多方面的考究。

③提出的几种推荐算法适合在不同的情形下进行推荐系统的构建,本书仅仅在少量有限的离线数据集上对算法的性能进行评估,但对算法本身还缺乏足够的理论分析,这也是一个很有挑战的研究课题。另外对推荐算法的运行效率以及模型的分布式计算方面也缺乏深入的研究。

参考文献

［1］Gomez-Rodriguez M, Gummadi K P, Schölkopf B. Quantifying Information Overload in Social Media and its Impact on Social Contagions ［C］. In Proceedings of the 8th International AAAI Conference on Weblogs and Social Media, 2014:170-179.

［2］Borkar V, Carey M J, Li C. Inside"Big Data management": Ogres, Onions, or Parfaits? ［C］. In Proceedings of the 15th International Conference on Extending Database Technology, 2012: 3-14.

［3］项亮. 推荐系统实践 ［M］.北京:人民邮电出版社,2013.

［4］Adomavicius G, Tuzhilin A. Towards the Next Generation of Recommender Systems: A Survey of the State-of-the-Art and Possible Extensions ［J］. IEEE Transactions on Knowledge and Data Engineering, 2005, 17(6): 734-749.

［5］吴金龙. Netflix Prize 中的协同过滤算法 ［D］. 北京:北京大

学, 2010.

[6] Sun J T, Zeng H J, Liu H, et al. CubeSVD: a Novel Approach to Personalized Web Search[C]. In Proceedings of the 14th International Conference on World Wide Web, 2005: 382-390.

[7] Sun J T, Wang X H, Shen D, et al. Mining Click through Data for Collaborative Web Search [C]. In Proceedings of the 15th International Conference on World Wide Web, 2006: 947-948.

[8] Rich E. User Modeling via Stereotypes [J]. Cognitive Science, 1979, 3 (4): 329-354.

[9] Resnick P, Iacovou N, Suchak M, et al. GroupLens: an Open Architecture for Collaborative Filtering of Netnews [C]. In Proceedings of the 1994 ACM Conference on Computer Supported Cooperative Work, 1994: 175-186.

[10] Hill W, Stead L Rosenstein M, et al. Recommending and Evaluating Choices in a Virtual Community of Use [C]. In Proceedings of the SIGCHI Conference on Human Factors in Computing Systems, 1995: 194-201.

[11] Shardanand U, Maes P. Social information filtering algorithms for automating "word of mouth" [C]. In Proceedings of the SIGCHI Conference on Human Factors in Computing Systems, 1995: 210-217.

[12] 许海玲,吴潇,李晓东,等.互联网推荐系统比较研究 [J].软件学报, 2009,20(2):350-362.

[13] Malone T W, Grant K R, Turbak F A. The information lens: an intelligent system for information sharing in organizations [C]. In Proceedings of the SIGCHI Conference on Human Factors in Computing

Systems, 1986: 1-8.

[14] Balabanovic M, Shoham Y. Learning Information Retrieval Agents: Experiments with Automated Web Browsing [C]. In Proceedings of the AAAI Spring Symposium on Information Gathering, 1995: 13-18.

[15] Pazzani M, Muramatsu J, Billsus D. Syskill & Webert: Identifying interesting web sites [C]. In Proceedings of the 13th National Conference on Artificial Intelligence, 1996: 54-61.

[16] Joachims T, Freitag D, Mitchell T. WebWatcher: A Tour Guide for the World Wide Web [C]. In Proceedings of the 15th International Joint Conference on Artificial Intellignece, 1997: 770-775.

[17] ZhangY, Callan J, Minka T. Novelty and redundancy detection in adaptive filtering [C]. In Proceedings of the 25th Annual International ACM SIGIR Conference on Research and Development in Information Retrieval, 2002: 81-88.

[18] Degemmis M, Lops P, Semeraro G. A Content-Collaborative Recommender that Exploits WordNet-based User Profiles for Neighborhood Formation [J]. User Modeling and User-Adapted Interaction, 2007, 17(3): 217-255.

[19] 田超,覃左言,朱青,等.SuperRank:基于评论分析的智能推荐系统 [J].计算机研究与发展,2010, 47(1): 494-498.

[20] Chang Y I, Shen J H, Chen T I. A Data Mining-Based Method for the Incremental Update of Supporting Personalized Information Filtering [J]. Journal of Information Science and Engineering, 2008, 24(1): 129-142.

[21] Liu L, Lecue F, Mehandjiev N. Semantic Content-based

Recommendation of Software Services using Context [J]. ACM Transactions on the Web, 2013, 7(3): 17.

[22] Knijnenburg B P, Kobsa A. Making decisions about privacy: information disclosure in context-aware recommender systems [J]. ACM Transactions on Interactive Intelligent Systems, 2013, 3(3): 20.

[23] Nguyen T T, Hui P M, Harper F M, et al.Exploring the filter bubble: the effect of using recommender systems on content diversity [C]. In Proceedings of the 23rd international conference on World Wide Web, 2014: 677-686.

[24] Goldbery D, Nichols D, Oki B M, et al. Using Collaborative Filtering to Weave an Information Tapestry [J]. Communications of the ACM, 1992, 35(12): 65-70.

[25] Konstan J A, Miller B N, Maltz D, et al. GroupLens: Applying Collaborative Filtering to Usenet News [J]. Communications of the ACM, 1997, 40(3): 77-87.

[26] Goldberg K, Roeder T, Gupta D, et al. Eigentaste: A Constant Time Collaborative Filtering Algorithm [J]. Information Retrieval, 2001, 4(2): 133-151.

[27] Breese J S, Heckerman D, Kadie C. Empirical Analysis of Predictive Algorithms for Collaborative Filtering [C]. In Proceedings of the 14th Conference on Uncertainty in Artificial Iintelligence, 1998: 43-52.

[28] Getoor L, Sahami M. Using Probabilistic Relational Models for Collaborative Filtering [C]. In Proceedings of the Workshop on Web Usage Analysis and User Profiling, 1999.

[29] Sarwar B, Karypis G, Konstan J, et al. Item-Based Collaborative

Filtering Recommendation Algorithms[C]. In Proceedings of the 10th International Conference on World Wide Web, 2001: 285-295.

[30] Pavlov D Y, Pennock D M. A Maximum Entropy Approach to Collaborative Filtering in Dynamic, Sparse, High-Dimensional Domains [J]. Advances in Neural Information Processing Systems, 2002: 1441-1448.

[31] Shani G, Brafman R I, Heckerman D. An MDP-based Recommender System[C]. In Proceedings of the 18th Conference on Uncertainty in Artificial Intelligence, 2002: 453-460.

[32] Xue G R, Lin C, Yang Q, et al. Scalable Collaborative Filtering using Cluster-Based Smoothing [C]. In Proceedings of the 28th Annual International ACM SIGIR Conference on Research and Development in Information Retrieval. ACM, 2005: 114-121.

[33] Das A S, Datar M, Garg A, et al. Google news personalization: Scalable Online Collaborative Filtering [C]. In Proceedings of the 16th International Conference on World Wide Web. ACM, 2007: 271-280.

[34] Hannon J, Bennett M, Smyth B. Recommending Twitter Users to Follow Using Content and Collaborative Filtering Approaches [C]. In Proceedings of the 4th ACM Conference on Recommender Systems. ACM, 2010: 199-206.

[35] Tsai C F, Hung C. Cluster Ensembles in Collaborative Filtering Recommendation[J]. Applied Soft Computing, 2012, 12(4): 1417-1425.

[36] 赵琴琴, 鲁凯, 王斌. SPCF: 一种基于内存的传播式协同过滤推荐算法 [J]. 计算机学报, 2013, 36(3): 671-676.

[37] 贾冬艳, 张付志. 基于双重邻居选取策略的协同过滤推荐算法 [J].

计算机研究与发展，2013，50(5)：1076-1084.

[38] 杨兴耀，于炯，吐尔根，等. 融合奇异性和扩散过程的协同过滤模型 [J]. 软件学报，2013，24(8)：1868-1884.

[39] 陈克寒，韩盼盼，吴健.基于用户聚类的异构社交网络推荐算法[J]. 计算机学报，2013，36(2)：349-359.

[40] 胡勋，孟祥武，张玉洁，等. 一种融合项目特征和移动用户信任关系 的推荐算法[J].软件学报，2014，25(8)：1817-1830.

[41] 袁汉宁，周彤，韩言妮，等.基于 MI 聚类的协同推荐算法[J].武汉大 学学报：信息科学版，2015，40(2)：253-257.

[42] Marlin B. Collaborative filtering：A machine learning perspective [D]. University of Toronto,2004.

[43] Sarwar B, Karypis G, Konstan J, et al. Item-based collaborative filtering recommendation algorithms [C]. In Proceedings of the 10th international conference on World Wide Web. ACM, 2001：285-295.

[44] Yu K, Schwaighofer A, Tresp V, et al. Probabilistic memory-based collaborative filtering [J]. IEEE Transactions on Knowledge and Data Engineering, 2004, 16(1)：56-69.

[45] Ungar L H, Foster D P. Clustering methods for collaborative filtering [C]. In AAAI Workshop on Recommendation Systems,1998(1).

[46] Kohrs A, Merialdo B. Clustering for collaborative filtering applications [C]. In Computational Intelligence for Modelling, Control & Automation. IOS. 1999.

[47] Paterek A. Improving regularized singular value decomposition for collaborative filtering [C]. In Proceedings of KDD cup and workshop. 2007：5-8.

[48] Chien Y H, George E I. A bayesian model for collaborative filtering[C]. In Proceedings of the 7th International Workshop on Artificial Intelligence and Statistics. San Francisco: Morgan Kaufman Publishers, 1999.

[49] Marlin B M. Modeling User Rating Profiles For Collaborative Filtering [J]. Advances in Neural Information Processing Systems, 2003.

[50] Mirza B J, Keller B J, Ramakrishnan N. Studying recommendation algorithms by graph analysis [J]. Journal of Intelligent Information Systems, 2003, 20(2): 131-160.

[51] Savia E, Puolamäki K, Kaski S. Latent grouping models for user preference prediction [J]. Machine Learning, 2009, 74(1): 75-109.

[52] Salakhutdinov R, Mnih A. Probabilistic Matrix Factorization [J]. Advances in Neural Information Processing Systems, 2007, 1(1): 1-8.

[53] Bell R M, Koren Y. Lessons from the Netflix prize challenge [J]. ACM SIGKDD Explorations Newsletter, 2007, 9(2): 75-79.

[54] Salakhutdinov R, Mnih A. Bayesian probabilistic matrix factorization using Markov chain Monte Carlo [C]. In Proceedings of the 25th international conference on Machine learning. ACM, 2008: 880-887.

[55] Koren Y, Bell R, Volinsky C. Matrix factorization techniques for recommender systems [J]. Computer, 2009, 42(8): 30-37.

[56] Girardi R, Marinho L B. A domain model of Web recommender systems based on usage mining and collaborative filtering [J]. Requirements Engineering, 2007, 12(1): 23-40.

[57] Yoshii K, Goto M, Komatani K, et al. An efficient hybrid music recommender system using an incrementally trainable probabilistic

generative model ［J］. IEEE Transactions on Audio, Speech, and Language Processing, 2008, 16(2): 435-447.

［58］Velasquez J D, Palade V. Building a knowledge base for implementing a web-based computerized recommendation system ［J］. International Journal on Artificial Intelligence Tools, 2007, 16(5): 793-828.

［59］Aciar S, Zhang D, Simoff S, et al. Informed recommender: Basing recommendations on consumer product reviews ［J］. IEEE Intelligent Systems, 2007, 22(3): 39-47.

［60］Wang H C, Chang Y L. PKR: A personalized knowledge recommendation system for virtual research communities ［J］. Journal of Computer Information Systems, 2007, 48(1):31-41.

［61］Forsati R, Doustdar H M, Shamsfard M, et al. A fuzzy co-clustering approach for hybrid recommender systems ［J］. International Journal of Hybrid Intelligent Systems, 2013, 10(2): 71-81.

［62］Mourão F, Rocha L, Konstan J A, et al. Exploiting non-content preference attributes through hybrid recommendation method［C］. In Proceedings of the 7th ACM conference on Recommender systems, 2013: 177-184.

［63］Son L H. HU-FCF: A hybrid user-based fuzzy collaborative filtering method in Recommender Systems ［J］. Expert Systems with Applications, 2014, 41(15):6861-6870.

［64］Braunhofer M, Codina V, Ricci F. Switching hybrid for cold-starting context-aware recommender systems［C］. In Proceedings of the 8th ACM Conference on Recommender systems, 2014: 349-352.

［65］Braunhofer M.Hybridisation techniques for cold-starting context-aware recommender systems［C］. In Proceedings of the 8th ACM Conference on Recommender systems，2014：405-408.

［66］Agrawal R，Imieliński T，Swami A. Mining association rules between sets of items in large databases［C］. In ACM SIGMOD Record. 1993，22(2)：207-216.

［67］Han J，Pei J，Yin Y. Mining frequent patterns without candidate generation［C］. In ACM SIGMOD Record. 2000，29(2)：1-12.

［68］Wang J C，Chiu C C. Recommending trusted online auction sellers using social network analysis［J］. Expert Systems with Applications，2008，34(3)：1666-1679.

［69］Moon S，Russell G J. Predicting product purchase from inferred customer similarity：An autologistic model approach［J］. Management Science，2008，54(1)：71-82.

［70］王立才，孟祥武，张玉洁. 上下文感知推荐系统［J］. 软件学报，2012，23(1)：1-20.

［71］孟祥武，胡勋，王立才，等. 移动推荐系统及其应用［J］. 软件学报，2013，24(1)：91-108.

［72］郭磊，马军，陈竹敏. 一种结合推荐对象间关联关系的社会化推荐算法［J］.计算机学报，2014，37(1)：219-228.

［73］Mitchell T M.机器学习［M］.曾华军，张银奎，等，译.北京：机械工业出版社，2011.

［74］Scudder III H.Probability of Error of Some Adaptive Pattern-Recognition Machines［J］. IEEE Transactions on Information Theory，1965，11(3)：363-371.

［75］Fralick S. Learning to Recognize Patterns without a Teacher［J］. IEEE

Transactions on Information Theory, 1967, 13(1): 57-64.

[76] Agrawala A. Learning with a probabilistic teacher [J]. IEEE Transactions on Information Theory, 1970, 16(4): 373-379.

[77] Yarowsky D. Unsupervised Word Sense Disambiguation Rivaling Supervised Methods[C]. In Proceedings of the 33rd Annual Meeting on Association for Computational Linguistics, 1995: 189-196.

[78] Riloff E, Wiebe J, Wilson T. Learning Subjective Nouns using Extraction Pattern Bootstrapping [C]. In Proceedings of 7th Conference on Natural Language Learning (CoNLL2003), 2003: 25-32.

[79] Rosenberg C, Hebert M, Schneiderman H. Semi-Supervised Self-Training of Object Detection Models [C]. In Proceedings of 7th IEEE Workshop on Applications of Computer Vision, 2005.

[80] Haffari G R, Sarkar A. Analysis of Semi-Supervised Learning with the Yarowsky Algorithm [C]. In Proceedings of 23rd Conference on Uncertainty in Artificial Intelligence, 2007: 1-15.

[81] Clup M, Michailidis G. An Iterative Algorithm for Extending Learners to a Semi-Supervised Setting [J]. Journal of Computational and Graphical Statistics, 2008, 17(3): 545-571.

[82] Baluja S. Probabilistic Modeling for Face Orientation Discrimination: Learning from Labeled and Unlabeled Data [C]. In Proceedings of 12th Annual Conference on Neural Information Processing Systems (NIPS), 1998.

[83] Nigam K, McCallum A K, Thrun S, et al. Text Classification from Labeled and Unlabeled Documents Using EM [J]. Machine Learning, 2000, 39(2-3): 103-134.

［84］Fujino A, Ueda N, Saito K. A Hybrid Generative/Discriminative Approach to Semi-supervised Classifier Design ［C］. In Proceedings of 20th National Conference on Artificial Intelligence, 2005:764-769.

［85］Blum A, Mitchell T. Combining Labeled and Unlabeled Data with Co-training ［C］. In Proceedings of the 11th Annual Conference on Computational Learning Theory, 1998: 92-100.

［86］Goldman S, Zhou Y. Enhancing Supervised Learning with Unlabeled Data ［C］. In Proceedings of the 17th International Conference on Machine Learning, 2000: 327-334.

［87］Zhou Y, Goldman S. Democratic Co-learning ［C］. In Proceedings of the 16th IEEE International Conference on Tools with Artificial Intelligence, 2004: 594-602.

［88］Zhou Z H, Li M. Tri-training: Exploiting Unlabeled Data Using Three Classifiers ［J］. IEEE Transactions on Knowledge and Data Engineering, 2005, 17(11): 1529-1541.

［89］Balcan M F, Blum A, Yang K. Co-training and Expansion: Towards Bridging Theory and Practice ［J］. Advances in neural information processing systems, 2004:89-96.

［90］Ando R K, Zhang T. Two-View Feature Generation Model for Semi-Supervised Learning ［C］. In Proceedings of the 24th International Conference on Machine Learning, 2007:25-32.

［91］Bennett k, Demiriz A. Semi-Supervised Support Vector Machines ［J］. Advances in Neural Information Processing Systems, 1999: 368-374.

［92］Joachims T. Transductive Inference for Text Classification Using Support Vector Machines ［C］. In Proceedings of the 16th International Conf. on

Machine Learning, 1999:200-209.

[93] Bie T D, Cristianini N. Convex Methods for Transduction [J]. Advances in Neural Information Processing Systems, 2004(16):73-80.

[94] Xu, L, Schuurmans D. Unsupervised and Semi-Supervised Multi-Class Support Vector Machines [C]. In Proceedings of the 20th National Conference on Artificial Intelligence, 2005.

[95] Chapelle O, Zien A. Semi-Supervised Classification by Low Density Separation [C]. In Proceedings of the 10th International Workshop on Artificial Intelligence and Statistics, 2005.

[96] Sindhwani V, Keerthi S, Chapelle O. Deterministic Annealing for Semi-Supervised Kernel Machines [C]. In Proceedings of the 23th International Conference on Machine Learning, 2006.

[97] Chapelle O, ChiM, Zien A. A Continuation Method for Semi-Supervised SVMs [C]. In Proceedings of the 23th International Conference on Machine Learning, 2006:185-192.

[98] Sindhwani V, Keerthi S S. Large Scale Semi-Supervised Linear SVMs [C]. In Proceedings of the 29th Annual International ACM SIGIR Conference on Research and Development in Information Retrieval, 2006.

[99] Chapelle O, Sindhwani V, Keerthi S S. Branch and Bound for Semi-Supervised Support Vector Machines [J]. Advances in Neural Information Processing Systems, 2007.

[100] Lawrence N D, Jordan M I. Semi-Supervised Learning Via Gaussian Processes[C]. Advances in Neural Information Processing Systems, 2004(17):753-760.

[101] Grandvalet Y, Bengio Y. Semi-Supervised Learning by Entropy Minimization [J]. Advances in Neural Information Processing Systems, 2005(17):529-536.

[102] Blum A, Chawla S. Learning from Labeled and Unlabeled Data Using Graph Mincuts [C]. In Proceedings of the 18th International Conference on Machine Learning, 2001:19-26.

[103] Zhu X, Ghahramani Z, Lafferty J. Semi-Supervised Learning Using Gaussian Fields and Harmonic Functions [C]. In Proceedings of the 20th International Conference on Machine Learning, 2003 (3): 912-919.

[104] Zhou D, Bousquet O, Lal T N, et al. Learning with Local and Global Consistency [J]. In Advances in Neural Information Processing System, 2004, (16): 321-328.

[105] Belkin M, Matveeva I, Niyogi P. Regularization and Semi-Supervised Learning on Large Graphs [J]. Lecture Notes in Computer Science, 2004(3120): 624-638.

[106] Belkin M, Niyogi P, Sindhwani V. Manifold Regularization: A Geometric Framework for Learning from Labeled and Unlabeled Examples [J]. Journal of Machine Learning Research, 2006(7): 2399-2434.

[107] Vig J, Sen S, Riedl J. Tagsplanations: explaining recommendations using tags [C]. In Proceedings of the 14th International Conference on Intelligent user interfaces. ACM, 2009: 47-56.

[108] Shani G, Gunawardana A. Evaluating recommendation systems [M]. Recommender systems handbook. Springer US, 2011: 257-297.

[109] Jain A K, Murty M N, Flynn P J. Data Clustering: a Review [J]. ACM Computing Surveys (CSUR), 1999, 31(3): 264-323.

[110] Xu R, Wunsch D. Survey of Clustering Algorithms [J]. IEEE Transactions on Neural Networks, 2005, 16(3): 645-678.

[111] MacQueen J. Some Methods for Classification and Analysis of Multivariate Observations [C]. In Proceedings of the 5th Berkeley Symposium on Mathematical Statistics and Probability, 1967, 1(281-297): 14.

[112] Dempster A P, Laird N M, Rubin D B. Maximum Likelihood from Incomplete Data via the EM algorithm [J]. Journal of the Royal Statistical Society. Series B, 1977, 39(1):1-38.

[113] Figueiredo M A T, Jain A K, Unsupervised Learning of Finite Mixture Models [J]. IEEE Transactions on Pattern Analysis and Machine Intelligence, 2002, 24(3):381-396.

[114] Ng A Y, Jordan M I, Weiss Y. On Spectral Clustering: Analysis and an Algorithm [J]. Advances in Neural Information Processing Systems, 2002(2): 849-856.

[115] Von Luxburg U. A Tutorial on Spectral Clustering [J]. Statistics and Computing, 2007, 17(4): 395-416.

[116] Xu L, Neufeld J, Larson B, et al. Maximum Margin Clustering [J]. Advances in Neural Information Processing Systems, 2004 (17): 1537-1544.

[117] Zhong S. Semi-Supervised Model-Based Document Clustering: A Comparative Study [J]. Machine Learning, 2006, 65(1): 3-29.

[118] Bilenko M, Basu S, Mooney R J. Integrating Constraints and Metric

Learning in Semi-Supervised Clustering[C]. In Proceedings of the 21th International Conference on Machine Learning. ACM, 2004: 81-88.

[119] Basu S. Semi-Supervised Clustering: Probabilistic Models, Algorithms and Experiments [M]. University of Texas at Austin, 2005.

[120] Demiriz A, Bennett K P, Embrechts M J. Semi-Supervised Clustering using Genetic Algorithms [J]. Artificial Neural Networks in Engineering, 1999: 809-814.

[121] Wagstaff K, Cardie C, Rogers S, et al. Constrained K-Means Clustering with Background Knowledge [C]. In Proceedings of the 18th International Conference on Machine Learning, 2001 (1): 577-584.

[122] Basu S, Banerjee A, Mooney R J. Semi-Supervised Clustering by Seeding [C]. In Proceedings of the 19th International Conference on Machine Learning, 2002(2): 27-34.

[123] Basu S, Bilenko M, Mooney R J. A Probabilistic Framework for Semi-Supervised Clustering [C]. In Proceedings of the 10th ACM SIGKDD International Conference on Knowledge Discovery and Data Mining. ACM, 2004: 59-68.

[124] Bar-Hillel A, Hertz T, Shental N, et al. Learning Distance Functions using Equivalence Relations [C]. In Proceedings of the 20th International Conference on Machine Learning, 2003(3): 11-18.

[125] Yeung D Y, Chang H. Extending the Relevant Component Analysis Algorithm for Metric Learning using both Positive and Negative Equivalence Constraints [J]. Pattern Recognition, 2006, 39(5):

1007-1010.

[126] Yin X S, Chen S, Hu E, et al. Semi-Supervised Clustering with Metric Learning: an Adaptive Kernel Method [J]. Pattern Recognition, 2010, 43(4): 1320-1333.

[127] Grira N, Crucianu M, Boujemaa N. Unsupervised and Semi-supervised Clustering: a Brief Survey, In A Review of Machine Learning Techniques for Processing Multimedia Content, Report of the MUSCLE European Network of Excellence (6th Framework Programme),2004.

[128] Ruiz C, Spiliopoulou M, Menasalvas E. Density-based Semi-Supervised Clustering [J]. Data mining and knowledge discovery, 2010, 21(3): 345-370.

[129] Chang C C, Chen H Y. Semi-supervised Clustering with Discriminative Random Fields [J]. Pattern Recognition, 2012, 45(12): 4402-4413.

[130] Wagstaff K, Cardie C. Clustering with Instance-level Constraints[C]. In Proceedings of the 17th International Conference on Machine Learning, 2000:1103-1110.

[131] Cohn D, Caruana R, McCallum A. Semi-Supervised Clustering with User Feedback [J]. Constrained Clustering: Advances in Algorithms, Theory, and Applications, 2003, 4(1):17-32.

[132] Klein D, Kamvar S D, Manning C D.From Instance-level Constraints to Space-Level Constraints: Making the Most of Prior Knowledge in Data Clustering [C]. In Proceedings of the 19th International Conference on Machine Learning, 2002:307-314.

[133] Xing E P, Ng A Y, Jordan M I, et al. Distance Metric Learning with

Application to Clustering with Side-information[C]. In Proceedings of the Conference on Advances in Neural Information Processing Systems, 2002:505-512.

[134] Cai D, He X F, Han J W. Locally Consistent Concept Factorization for Document Clustering [J]. IEEE Transactions on Knowledge and Data Engineering, 2011, 23(6): 902-913.

[135] He X F, Cai D, Shao Y L, et al. Laplacian regularized Gaussian Mixture Model for Data Clustering [J]. IEEE Transactions on Knowledge and Data Engineering, 2011, 23(9): 1406-1418.

[136] Witten I H, Frank E. Data mining: Practical machine learning tools and technique [EB/OL]. http://prdownloads.sourceforge.net/weka/datasets-UCI.jar.

[137] MovieLens Datasets [EB/OL]. http://grouplens.org/datasets/movielens/.

[138] Zhao Y, Kapypis G. Hierarchical Clustering Algorithms for Document Datasets [J], Data Mining and Knowledge Discovery, 2005, 10(2): 141-168.

[139] Theobald M, The Software of SVM-light [EB/OL]. http://www.mpi-inf.mpg.de/~mtb/svmlight/JNI_SVM-light-6.01.zip.

[140] Chapelle O, Scholkopf B, Zien A. Semi-Supervised Learning [M]. Cambridge, MA: MIT Press, 2006.

[141] Zhu X J. Semi-Supervised Learning Literature Survey [R]. Computer Sciences TR 1530, University of Wisconsin at Madison, July 19, 2008.

[142] Zhang M L, Zhou Z H. COTRADE: Confident Co-Training with Data

Editing [J]. IEEE Transaction on Systems, Man, and Cybernetics-Part B: Cybernetics, 2011, 41(6): 1612-1626.

[143] Mihalcea R. Co-training and self-training for word sense disambiguation [C]. In Proceedings of the Conference on Computational Natural Language Learning (CoNLL-2004). 2004.

[144] Tang F, Brennan S, Zhao Q, et al. Co-Tracking Using Semi-Supervised Support Vector Machines[C]. In Proceedings of IEEE the 11th International Conference on Computer Vision, 2007:1-8.

[145] Wang W, Zhou Z H. A new analysis of co-training [C]. In Proceedings of the 27th International Conference on Machine Learning (ICML-10). 2010: 1135-1142.

[146] Yu S, Krishnapuram B, Rosales R, et al. Bayesian Co-Training [J]. Journal of Machine Learning Research, 2011(12):2649-2680.

[147] Sun A, Liu Y, Lim E P. Web Classification of Conceptual Entities using Co-Training [J]. Expert Systems with Applications, 2011, 38 (12):14367-14375.

[148] Du J, Ling X, Zhou Z H. When does Co-Training Work in Real Data [J]. IEEE Transactions on Knowledge and Data Engineering, 2011, 23(5): 788-799.

[149] Zhu X J, Lafferty J, Ghahramani Z. Combining Active Learning and Semi-Supervised Learning Using Gaussian Fields and Harmonic Functions [C]. In Proceedings of the ICML-2003 Workshop on the Continuum from Labeled to Unlabeled Data, Washington DC, 2003.

[150] Yang L, Jin R, Sukthankar R. Bayesian Active Distance Metric Learning[C]. In Proceedings of the 23th Conference on Uncertainty in

Artificial Intelligence, 2009:442-449.

[151] Lughofer E. Hybrid Active Learning for Reducing the Annotation Effort of Operators in Classification Systems [J]. Pattern Recognition, 2012, 45(2):884-896.

[152] Li H, Shi Y, Liu Y. Cross-domain Video Concept Detection: A Joint Discriminative and Generative Active Learning Approach [J]. Expert Systems with Applications, 2012(39):12220-12228.

[153] 2012 KDD Cup Track1Datasets [EB/OL]. http://www.kddcup2012. org/c/kddcup2012-track1/data.

[154] Feng G, Huang G B, Lin Q P, et al. Error Minimized Extreme Learning Machine With Growth of Hidden Nodes and Incremental Learning [J]. IEEE Transactions on Neural Networks, 2009, 20(8): 1352-1357.

[155] Zhang R, Bawab Z A, Chan A, et al. Investigations on Ensemble Based Semi-Supervised Acoustic Model Training [C]. In Proceedings of the 9th European Conference on Speech Communication and Technology, 2005:1677-1680.

[156] Karakoulas G, Salakhutdinov R. Semi-supervised mixture-of-experts classification [C]. In Proceedings of the 4th IEEE International Conference on Data Mining, 2004:138-145.

[157] Miller D J, Uyar H S. A mixture of experts classifier with learning based on both labeled and unlabeled data [J]. Advances in neural information processing systems, 1997(9):571-577.

[158] Zhang T, Oles F. The value of unlabeled data for classification problems [C]. In Proceedings of the Seventeenth International

Conference on Machine Learning, 2000: 1191-1198.

[159] Cozman F G, Cohen I. Unlabeled data can degrade classification performance of generative classifiers [C]. In Proceedings of the 15th international conference of the Florida Artificial Intelligence Research Society,2002: 327-331.

[160] Cohen I, Cozman F G, Sebe N, et al. Semi-supervised learning of classifiers: theory, algorithm, and their application to human-computer interaction [J]. IEEE Transaction on Pattern Analysis Machine Intelligence, 2004, 26(12):1553-1567.

[161] Zhang Y, Yeung D Y. Semi-supervised Generalized Discriminant Analysis [J]. IEEE Transactions on Neural Networks, 2011, 22(8): 1207-1217.

[162] Tanha J, Someren M V, Afsarmanesh H. Disagreement-Based Co-Training [C]. In Proceedings of the 23rd IEEE International Conference on Tools with Artificial Intelligence, 2011: 803-810.

[163] Chang C C, Pao H K, Lee Y J. An RSVM based two-teachers-one-student semi-supervised learning algorithm [J]. Neural Networks, 2012(25): 57-69.

[164] Zhang R, Rudnicky A I, A New Data Selection Approach for Semi-Supervised Acoustic Modeling [C]. In Proceedings of IEEE International Conference on Acoustics, Speech and Signal, 2006.

[165] Jeon J H, Liu Y. Automatic prosodic event detection using a novel labeling and selection method in co-training [J]. Speech Communication, 2012, 54(3): 445-458.

[166] Kumar Mallapragada P, Jin R, Jain A K, et al. Semiboost: Boosting

for semi-supervised learning [J]. IEEE Transactions on Pattern Analysis and Machine Intelligence, 2009, 31(11): 2000-2014.

[167] Blum A, Lafferty J, Rwebangira M R, et al. Semi-supervised learning using randomized mincuts [C]. In Proceedings of the 21th International Conference on Machine Learning, 2004: 13-20.

[168] Kveton B, Valko M, Rahimi A, et al. Semi-Supervised Learning with Max-Margin Graph cuts [C]. In Proceedings of the 13th International Conference on Artificial Intelligence and Statistics, 2010: 421-428.

[169] Joachims T. Transductive Learning via Spectral Graph Partitioning [C]. In Proceedings of the 20th International Conference on Machine Learning, 2003.

[170] Zhu X J, Ghahramani Z, Lafferty J. Semi-Supervised Learning Using Gaussian Fields and Harmonic Functions [C]. In Proceedings of the 12th International Conference on Machine Learning, 2003.

[171] Belkin M, Niyogi P, Sindhwani V.On manifold regularization [C]. In Proceedings of International Conference on Artificial Intelligence and Statistics, 2005.

[172] Belkin M, Niyogi P, Sindhwani V. Manifold regularization: a Geometric framework for learning from labeled and unlabeled examples [J]. Journal of Machine Learning Research, 2006(7): 2399-2434.

[173] Sindhwani V, Hu J, Mojsilovic A. Regularized Co-Clustering with Dual Supervision [J]. Advances in Neural Information Processing Systems, 2008: 976-983.

[174] Jebara T, Wang J, Chang S F.Graph Construction and b-Matching for Semi-Supervised Learning [C]. In Proceedings of the 26th Annual

International Conference on Machine Learning, 2009: 441-448.

[175] Cheng B, Yang J C, Yan S C, et al Learning with ℓ^1-Graph for Image Analysis [J]. IEEE Transaction on Image Processing, 2010, 19(4): 858-866.

[176] Kapoor A, Qi Y, Ahn H, et al. Hyperparameter and Kernel Learning for Graph Based Semi-Supervised Classification [C]. Advances in Neural Information Processing Systems, 2005.

[177] Zhang X H, Lee W S. Hyperparameter Learning for Graph Based Semi-Supervised Learning Algorithms [J]. Advances in Neural Information Processing Systems, 2006.

[178] Rohban M H, Rabiee H R. Supervised Neighborhood graph construction for semi-supervised classification [J]. Pattern Recognition, 2012(45): 1363-1372.

[179] Sugiyama M, Ide T, Nakajima S, et al. Semi-Supervised Local Fisher Discriminant Analysis for Dimensionality Reduction [J]. Mach Learn, 2010(78): 35-61.

[180] Zhang F, Zhang J S. Label Propagation through Sparse Neighborhood and its Applications [J]. Neurocomputing, 2012(97): 267-277.